U0334163

这里是辽宁

This is Liaoning

文体旅丛书

山海有情　天辽地宁

美食

老藤 等◎著

春风文艺出版社
·沈阳·

图书在版编目（CIP）数据

美食 / 老藤等著 . — 沈阳：春风文艺出版社，
2025.2

（"山海有情 天辽地宁"文体旅丛书）

ISBN 978 - 7 - 5313 - 6656 - 0

Ⅰ. ①美… Ⅱ. ①老… Ⅲ. ①饮食 — 文化 — 辽宁
Ⅳ. ①TS971.202.31

中国国家版本馆CIP数据核字（2024）第042029号

春风文艺出版社出版发行

沈阳市和平区十一纬路25号　邮编：110003

辽宁新华印务有限公司印刷

责任编辑：姚宏越		助理编辑：余　丹	
责任校对：陈　杰		内文摄影：米铁成　夏少蔚　王忠义	
封面设计：黄　宇		幅面尺寸：138mm × 207mm	
字　　数：200千字		印　　张：7.5	
版　　次：2025年2月第1版		印　　次：2025年2月第1次	
书　　号：ISBN 978-7-5313-6656-0			
定　　价：60.00元			

无尽的人地关系（代序）

近代地理学奠基人亚历山大·冯·洪堡认为，人是地球这个自然统一体的一部分。此观点随即让"人地关系"成为一个科学论题，也教给我们认识世界的方法。首先看地理，知吾所在；然后看人文，知吾是谁。

打开中国地图，或背负青天朝下看，东北有三省，辽宁距中原最近。南濒蔚蓝大海，北接东北平原，东有千山逶迤，西有医巫闾苍然，境内更兼辽、浑、太三河纵横。语曰：山川能说，可以为大夫。如此天辽地宁者，大夫不说，则愧对大自然所赐。

一方水土，藏一方文化。

看辽宁文化，需要回望1.2亿至2亿年前的辽西。深埋地下的热河生物群，几乎囊括了中生代向新生代过渡的所有生物门类。我们正是在那些化石上，看到了第一只鸟飞起的姿态，看到了第一朵花盛开的样子，看到了正在游动的狼鳍鱼瞬间定格之美。也正因为如此，辽西成为20世纪全球最重要的古生物发现地之一，被誉为世界级化石宝库。看辽宁文化，更要回望古代先民在辽宁现身时那一道道照亮天穹的光。28万年前的金牛山人，25万年前的庙后山人，7万年前的鸽子洞人，1.7万年前的古龙山人，7000年前的新乐人和小珠山人，绳绳不绝，你追我赶，从旧石器时代走到新石器时代。当然，他们都只是演出前的垫场，千呼万唤中，大幕拉开，真正的主角是红山人。在辽西牛河梁上，我们看见了5000年前的女神庙和积石冢，还有那座巨大的祭坛。众流之汇海，万壑之朝宗，职方所掌，朗若列眉，从那一天开始，潺潺千古的大辽河便以中华文明三源之一，镌刻于历史之碑。

一方水土，写一方历史。

其一，辽宁在中原与草原之间，写中国边疆史，辽宁占重要一席。东北土著有东胡、濊貊、肃慎三大族系。东胡族系以游牧为生，慕容鲜卑让朝阳成为三燕古都，契丹把长城修到辽东半岛蜂腰处，蒙古大将木华黎则让辽宁乃至整个辽东成为自己的封地。濊貊族系以农业为生，前有扶余，后有高句丽，从东周到隋唐，各领风骚700年，一座五女山城，更是让居后者高句丽在辽东刷足了存在感。肃慎族系以渔猎为生，从黑水到白山，从生女真到熟女真，渤海将辽东山地大部划入其境，女真通过海上之盟与宋联手灭辽，然后把辽宁当成入主中原的跳板，满族则以赫图阿拉、关外三陵和沈阳故宫，宣布辽宁为祖宗发祥之地。其二，汉以前，中原文化对东北有两次重量级输入，一次是箕子东迁，一次是燕国东扩。汉以后，灭卫氏朝鲜设四郡，灭高句丽设安东都护府，中原大军总是水路与陆路并进，辽宁始终站在一条历史的过道上，要么看楼船将军来征讨，要么看忽报呼韩来纳款，坐看夷地成中华，阅尽沉浮与兴衰。其三，近代史从海上开始，渤海海峡被英国人称为东方的直布罗陀，旅顺口则被英国人改叫亚瑟港，牛庄和大连湾更是先后变成英俄两国开埠的商港，震惊中外的甲午战争、日俄战争、九一八事变，让辽宁成为举世瞩目的焦点，于是，在辽宁就有了东北抗联，就有了《义勇军进行曲》，就有了辽沈战役，就有了抗美援朝保家卫国。历史一页页翻过，页页惊心动魄。

一方水土，生一方物产。

最天然者，一谓矿藏，二谓鱼盐。那些被电光石火熔化挤扁的物质沉睡地层亿万年，它们见过侏罗纪恐龙如何成为巨无霸，见过白垩纪小行星怎样撞击地球，也见过喜马拉雅运动和第四纪冰河。千淘万漉虽辛苦，吹尽狂沙始到金。于是，我们看到了，辽东有岫玉，辽西有玛瑙，抚顺有煤精，鞍山有铁石，盘锦虽是南大荒，地上有芦苇，地下有油田。更何况，北纬39度是一个寒暑交错的纬度，也是一个富裕而神秘的黄金纬度，在这个纬度上有诸多世界名城，它们是北京、纽约、罗马、波尔多、马德里，当然还有大连和丹东；在这个纬度上，有美丽而神奇的自然风景，它们是塔克拉玛干沙漠、库布其沙漠、青海湖、日本海、里海、地中海、爱琴海，当然还有环绕辽东半岛的渤海和黄海。公元前300年的"辽东之煮"，曾助燕一举登上战国七雄榜，而距今3000年前的以盐渍鱼现场，在大连湾北岸的大嘴子。迄至近世，更有貔子窝和复州湾走上前台，令大连海盐成为国家地理标志性产品。而大连海参，就是冠绝大江南北的辽参；大连鲍鱼，就是摆在尼克松访华国宴上的那道硬菜；丹东大黄蚬、庄河杂色蛤，则是黄海岸亚洲最大蚬子库的一个缩影。此外，还有营口海蜇、营口对虾、盘锦河蟹。辽河与辽东湾，你中有我，我中有你，方有奥秘杰作。最生态者，一谓瓜果，二谓枣栗。大连苹果、大连樱桃、桓仁山参、东港草莓、丹东板栗、黑山花生、朝阳大枣和小米、绥中白梨和鞍山南果梨，还有铁岭榛子、北票荆条蜜、抚顺哈什蚂、清原马鹿茸……物之丰，产之饶，盖因幅员之广袤，蕴含之宏富，土地之吐哺，人民之勤勉。

一方水土，养一方风俗。

古人曰：千里不同风，百里不同俗。古人又曰：历世相沿谓之风，群居相染谓之俗。古代辽宁，在农耕文明与游牧文明交互地带；近现代辽宁，在东方文明与西方文明对接地带。于是，土著文化、移民文化、外来文化在大混血之后，走向了融合与多元。于是，这个文化以其边缘性、异质性、冒险性，既穿行于民间，也流布于市井。在时光中沉淀过后，变成了锅灶上的美食，变成了村头巷尾的戏台，变成了手艺人的绝活儿，变成了过年过节的礼仪和讲究。最有辨识度的辽宁美食，在沈阳有满汉全席、老边饺子、马家烧麦、苏家屯大冷面；在大连有海味全家福、海菜包子、炸虾片、炒焖子；在鞍山有海城馅饼、台安炖大鹅；在抚顺有满族八碟八碗；在本溪有蝲蛄豆腐；在丹东有炒米糙子；在锦州有沟帮子熏鸡；在阜新有彰武手把羊肉。最具代表性的民间艺术，在沈阳有辽宁鼓乐、沈阳评剧、东北大鼓；在大连有复州皮影戏、长海号子、金州龙舞；在鞍山有海城高跷、岫岩玉雕；在抚顺有煤精雕刻、地秧歌；在本溪有桓仁盘炕技艺；在锦州有辽西太平鼓；在盘锦有古渔雁民间故事。最原真的民族风情，以满族、蒙古族、回族、朝鲜族、锡伯族为序，在辽宁有五个系列。若要下场体验，可以去看抚顺新宾满族老街、本溪同江峪满族风情街；可以去看阜新蒙古贞庄园、北票尹湛纳希纪念馆；可以去看沈阳西关回族美食街；可以去看沈阳西塔朝鲜族风情街、铁岭辽北朝鲜族民俗街；可以去看沈阳锡伯族家庙、锡伯族博物馆。民俗之复兴，是本土文化觉醒的重要标志，风情之淳朴，是本土文明的真正升华。

一方水土，扬一方威名。

近代世界，海陆交通，舟车四达，虽长途万里，须臾可至。当代世界，地球是平的，都会名城，同属一村，经济文化，共存一炉。辽宁是工业大省，前有近代工业遗产，后创当代工业传奇，写中国工业编年史，辽宁是不可或缺的重要一章。尤其是当代，辽宁既是名副其实的共和国长子，也是领跑共和国工业的火车头。沈阳铁西区，已经成为"露天的中国工业博物馆"。旅顺大坞、中船重工、大连港、大机车，已经以"辽宁舰"为新的起点，让现在告诉未来。鞍山钢铁厂、抚顺西露天矿、本溪湖煤铁公司、营口造纸厂、阜新煤炭工业遗产群，则用会当水击三千里的底气，托起辽宁工业腾飞的翅膀。辽宁是文博大省，行旅之游览，风人之歌咏，必以文化加持，而最好的载体，就是深沉持重的文博机构。辽宁在关外，文化积淀虽比不上周秦汉唐之西安，比不上六朝古都之南京，比不上金元明清之北京，却因地域之独特，而拥有不一样的出土，不一样的珍藏。而所有的不一样，都展陈在历史的橱窗里。既然不能以舌代笔，亦不能以笔代物，那就去博物馆吧。文物是历史的活化石，正因为有辽宁省博物馆、辽宁古生物博物馆、大连自然博物馆、旅顺博物馆、朝阳博物馆以及朝阳鸟化石国家地质公园等等，辽宁人确切地知道自己是谁，究竟从哪里来，因而对这方土地保持了永远的敬畏与敬意。辽宁也是体育大省，因为有四季分明的北方阳光，因为有籽粒饱满的北方米麦，也因为具备放达乐观的北方性格，辽宁人的运动天赋几乎是与生俱来。所以，田径场上，就跑出了"东方神鹿"王军霞；足球场上，就踢出了神话般的辽宁队、大连队；奥运会上，更有14个项目获得过冠军。最吸睛的，当然是足、篮、排三大球，虽然没有走向世界，但在中国赛场上，只要辽宁队亮相，就会满场嗨翻。看辽宁人的血性，辽宁人的信仰，就去比赛场上看辽宁队。

当今中国，旅游经济已经走过三个时代，这三个时代分别是观光时代、休闲时代、大旅游时代。观光时代，以旅行社、饭店、景区为主，最多逛逛商业街，买买纪念品，完成的只是到此一游。休闲时代，以行、游、住、食、购、娱为主，于是催生了"印象系列""千古情系列""山水经典"系列，也只不过多了几个卖点。如今已是大旅游时代，特点是旅游资源无限制，旅游行为无框架，旅游体验无穷尽，旅游消费无止境。就是说，考验一个地方有没有文化实力的时候到了，所谓大旅游时代，就是要把一个资源，变成一个故事，一个世界，一个异境，然后让旅游者蜂拥而至，让这个资源成为永动机，让情景地成为去了再去、屡见屡鲜的经典。

正因为如此，有了这套"山海有情 天辽地宁"文体旅丛书，梳理辽宁文体旅谱系，整合山水人文资源，献给这个方兴未艾的大旅游时代。

素 素

2025年1月于大连

目录

丑小鸭变为白天鹅

——沈阳鸡架

◎老藤

到沈阳，不能不吃鸡架。

满汉全席可以舍，生猛海鲜可以舍，唯有鸡架舍不得，因为只有吃上一次鸡架，你才能闻到大沈阳的烟火气，才能品出这座历史文化名城不同寻常的味道。

鸡架，顾名思义就是剔除了鸡肉的骨架，有人叫它鸡车子，因为肉少，三国时期曹操的谋士杨修形容它"弃之如可惜，食之无所得"，为此被曹操砍了脑袋。其实，曹操杀杨修，鸡肋只是个借口，杨修聪明反被聪明误，妄议统帅意图，扰乱军心才是真正的死因。

谁也没有想到，食之无肉、弃之可惜的鸡架在沈阳却登上了大雅之堂，成了受人热捧的网红美食。从鸡架由丑小鸭变为白天鹅的华丽转身可以看出，高手在民间，沈阳城大街小巷里能化腐朽为神奇的能工巧匠无处不在，是他们将原本要送饲料厂的鸡架变成了人人喜爱的美食。

据我所知，沈阳的鸡架有烀、炖、熏、炸、煎、酱、拌、炒、烤九种做法，九种做法之外肯定还有新的发明，只是我还未曾见识。鸡架颇具和合之道，善于借味，不同的烹饪方法味道自然不同，炒出来的口滑，烤出来的味香，烀出来的耐嚼，炖出来的味厚，炸出来的酥脆，煎出来的麻辣，酱出来的口咸，拌出来的清爽，熏出来

1

拌鸡架

的最有意思，竟能吃出干煸山鸡的感觉来。食客可以根据自己的口味来做选择，不管你口味如何挑剔，偌大一个沈阳总有一款鸡架会满足你的口腹。就个人嗜好而言，我喜欢吃拌鸡架，拌鸡架一定要淋上麻油，再加上一些切成细丝的圆葱，吃起来既有沟帮子烧鸡的焦香，又有新疆椒麻鸡的爽快，在温馨的小店里独自享用一个满盘那才叫过瘾。

佳肴不负玉液，吃鸡架的标配是喝"老雪"。

老雪是沈阳一款地产啤酒，商标古朴，酒色金黄，据说其年龄差不多有一个世纪了，问起来，沈阳人喝老雪至少在四代以上。我的一位年逾五十的同事，说过年给爷爷买了进口高档啤酒，爷爷只喝了一口就伸手罩住酒杯不让再斟，问缘由，爷爷说喝不惯，这啤酒像加了糖稀的黄豆汤，甜得腻歪。同事无奈，只好换成爷爷平时喜欢的老雪，爷爷这才开怀畅饮，因为菜硬酒对路，同事说一瓶老雪下去的爷爷不一会儿就"彩虹附体"，变成一副关公模样。

在沈阳任何一家有售鸡架的街边小店都不会缺少老雪，老雪物美价廉，最便宜的一瓶不到两元钱，是市民的最爱。我在沈阳老四季抻面馆品尝过鸡架配老雪，尽管周围食客声音嘈杂，但喝下两瓶老雪后，两耳似乎加了滤网一般，不再心烦周围的声音，倒觉得这嘈杂之音有了"嘈嘈切切错杂弹"的韵味。再吃鸡架，每一次咀嚼都能听到口腔里有波澜壮阔的回音。我知道这感觉是老雪所致，是人在微醺状态里对环境和自我的再发现。

吃鸡架除了配老雪外，最好还要有香菜根。香菜根能成菜我是从洪应明《菜根谭》这个书名里知道的，那是上高中的时候，看到《菜根谭》心里寻思，古人为何要用菜根做书名？这个问题困扰了我许久，直到在沈阳吃鸡架时吃到了香菜根，我才明白了古人的用意。宋儒汪革说，人咬得了菜根，则百事可成。香菜根、鸡架，皆与珍馔无关，说到底是平民果腹的小吃而已，达官贵胄如果能放下架子，与民同乐吃上一回，是一种修行，更是一种察民情、知民意的途径。其实，菜根有菜根的好处，古人说，"凡种菜者，必要厚培其根，其味乃厚"，香菜根浓缩了香菜的精华，营养价值更是远超叶茎，用它佐餐鸡架，让鸡架走出了庖厨，回归到了绿色恣意的田园。世上事物皆需搭配而成，咖啡有咖啡伴侣，面包有奶油芝士，我觉得凉拌香菜根是绝佳的鸡架伴侣。遗憾的是，那些真空包装的鸡架无法实现这种搭配，因为香菜根必须是鲜的，盐渍或焙干的菜根，那股引人入田野的香气已经不复存在。

沈阳是座美食之城，大餐小吃花样迭出，但真正最抚凡人之心的是鸡架、老雪、香菜根，如果还要加一个的话，那就是抻面。世事无常，流俗多变，几十年来，大沈阳许多街巷楼宇变了，许多行道树换了，连岁月留痕的马路牙子都不知更新了几回，唯有街边小店的鸡架、老雪、香菜根像红墙内的八王亭一样，牢牢戳在市民的记忆里、舌尖上。

鸡架成为美食，是沈阳人热爱生活的体现。令人感动的是，它的发明者并不是名厨大腕，而是铁西区当年国企的下岗职工，这些工人在车钳铆电焊上是行家里手，在厨房的锅灶上仍然能够创造奇迹。味道可以激发想象，应该说，沈阳的鸡架上附着有历史的酱汁，其中的辛酸苦辣令人唏嘘不已。说实话，与鸡架标配的老雪并没那么大的力道，沈阳人吃鸡架喝老雪其实有诸多情愫在其中，是文化元素在味蕾上的钩沉。如同老北京的豆汁、绍兴的臭豆腐一样，味道不能说多么好，但这些特色小吃里承载着许多其他的东西，这种东西就是文化。鸡架、老雪、香菜根承载了沈阳人某种无法忘却的记忆，这记忆与当年百万国企职工下岗分流密不可分，知道了那段历史再回头吃鸡架，就能咂摸出不一样的滋味来。

沈阳有鸡架之城的别称，这个别称没有丝毫贬低这座特大型城市的意思，倒让这座城市变得温暖可亲，缺少烟火气的城市建得再高大上，也会有拒人千里之外的冷漠感。网上流传着这样一句话很有意思：世上所有的鸡架都是沈阳的久别重逢。是的。因为有鸡架，有老雪，有香菜根，朋友们在沈阳的重逢只是个时间问题。

醇厚香浓的东北味儿

——辽菜

◎女真

辽菜于我，正应了东坡先生的诗句：不识庐山真面目，只缘身在此山中。作为一个生活在东北沈阳，偶尔也会到类似鹿鸣春这样的老字号和亲朋小聚的沈阳人，作为一个经常下厨房给家人做小鸡炖蘑菇、酸菜白肉、黄瓜拉皮的家庭主妇，我这个人吃辽菜、做辽菜，却不清楚原来这些都是辽菜。一句话，我身上缺少辽菜的自觉意识。

我与辽菜的这种有趣的关系，不知道是不是具有典型意义。一种文化，只有深浸其中又能经常跳出那个圈子才能看得更清楚。对辽菜缺乏自觉认识，是不是因为我多年只生活在这一个地方，有井底之蛙之嫌？

按照饮食人类学的观点，菜系是饮食在区域上的表述。中国之所以有多种不同的菜系，是由历史、民族、宗教、地理、气候、土壤等差异所形成的。不同的地方有不同的菜系，不同的菜系可以理解为不同地缘群体所习惯的地方口味，所谓南甜北咸、东辣西酸，是非常经典的具有象征意义的表述。不同地域的人普遍喜欢哪种口味不会是无缘无故的。一方水土养一方人，一方人总会有自己特殊的饮食习惯。所以法国人才说，告诉我你吃什么，我就知道你是谁。德国人会说，你吃什么，你就是什么人。在中国，吃玉米面酸汤子

焦熘肥肠

新民血肠

的是生活在东北的满族人，经常吃馕的是生活在新疆的一些少数民族，蒙古族喜欢吃奶疙瘩等奶制品，原因跟这些民族生活的地域物产、气候特征都有密切关系。

饮食人类学专家的种种论述，让我醍醐灌顶，对自己有了更深刻的认识——在饮食习惯方面，我这个人原来姓"辽"，我身上深深地烙印着黑土地的饮食习惯。无论走到哪里，我都会没出息地想念家乡饭菜，身在他乡，如果没有现成的馆子可去，宁可自己下厨一展手艺。

饮食人类学的观点，让我在言说辽菜时，好像一下子知道自己应该从哪儿说起了。套用一个非常流行的句式：当我们说辽菜时，我们在说什么——

我想首先应该说食材。我所知道的辽菜，食材广泛精细，十分注重地方特产原料的使用，在制作野味菜方面有很多独到之处，这样的特点，恰好与辽宁这块土地的地理特征吻合。辽宁有山有海，物产丰富，蓝色的海洋、绵延的群山，让辽菜的食材取之不尽，虽然"棒打獐子瓢舀鱼、野鸡飞到饭锅里"的"原生态"时代已经渐行渐远，成为遥远的传说，相比中国其他地区，辽宁物产的丰富性、地域特点还是十分鲜明的。辽菜的食材特性不容置疑。

辽菜还让我想到我们这个地方的历史、民族。辽宁是多民族聚居的地方，满族人从这里起步入主中原，关内山东、河北等地的汉族移民从海路、陆路绵绵不断流入这里，辽西蒙汉杂居的地方不少，朝鲜族、回族等具有鲜明饮食特点的民族也长期在这儿定居。多个民族之间长期相处，潜移默化，必然多多少少产生影响，在饮食方面互相渗透是必然的——沈阳西关的清真菜，西塔地区的烧烤、朝鲜族小菜，同样为广大的汉族人所喜爱。辽菜的框架是由宫廷菜、官府菜、市井菜、民族菜、海鲜菜等搭建出来的，呈现一种开放、杂糅的特点，初来乍到的外乡人看辽菜可能觉得混搭，我们自己却习以为常。

从烹饪方面讲，辽菜非常讲究火候，擅长使用烧、炖、扒、熘、熘、拔丝、酱等烹调方法。醇厚香浓是辽菜风味的主要特征，也是辽菜特色的核心。我们吃辽菜，往往就是为了吃它的醇厚香浓。辽菜这样的风味特征让我想到辽宁人的性格。冬季酷寒的气候，民族融合的历史，使得辽宁地面上的民众性格粗犷、率真，爱憎像季节一样分明，这样的人群，肯定爱吃辽菜；辽菜的风味特征，也正是这样的一些人一辈辈积累而成的。我们不如川菜麻辣热烈，不如粤菜清淡讲究，不如淮扬菜上得了台面，经常作为国宴招待外国首脑，也不如鲁菜历史悠久，长期占据京城，但我们在山海关外自成体系，是我们这块土地上的主人，再有名的菜系，到了我们这地界儿，只能是做客，偶尔尝尝换换口味可以，时间长了，辽菜还是主人。毫不夸张地说，身为辽宁人，辽菜是我们生命的一部分，我们的生活离不开辽菜。

饮食是文化的一部分，作为辽宁人，面对辽菜，我们要自信，要自觉。中国人讲究"四大""八大"，中国菜有四大菜系、八大菜系，辽菜不在其列。辽菜不必因此气馁、自卑。任何文化都是活的，菜系也如此，今天不在"四大""八大"之列，不代表未来就不是；退一步讲，即便多年以后辽菜仍旧不能进入"八大"行列，不能进入"庙堂"，作为辽宁人，辽菜是我们自己独特的饮食文化，孩子是自己家的好，我们该吃吃、该爱爱，谁也碍不着，谁也替代不了。我想，这就是自信。所谓自觉，我想说，作为辽宁人，我们应该多找机会为辽菜正名，让辽菜的"好酒"早点"香飘"。信息时代，眼球经济时代，酒好还得自己多吆喝。

在民间层面，人们很少说辽菜，更习惯说东北菜。东北菜现在

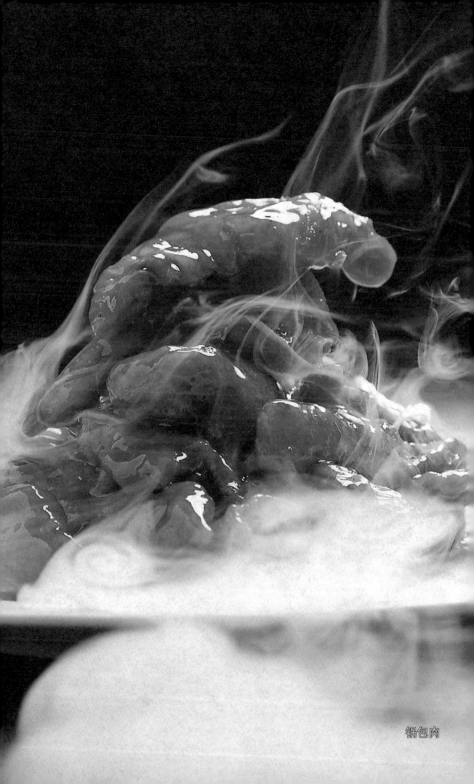
锅包肉

拔丝地瓜

其实挺火，随着东北人漂北京、闯三亚，甚至移民到了海外，去了欧洲、美洲。东北菜能走那么远，第一说明我们东北人现在开始往外面闯，已经走了很远很远，把东北菜带出去了；第二说明东北菜确实好吃，离开家乡的人想念，家乡之外的人也捧场。民间层面如此，那么辽菜是不是可以再提升？是不是应该打通辽菜从民间层面到饮食文化层面的通道？也就是说，把东北菜和辽菜之间的通道打开，厘清名声在外的东北菜和辽菜是什么关系，让更多的人了解辽菜、宣传辽菜，比如办辽菜节、办各种层面的辽菜饮食大赛，利用举办的各种会议、赛事，积极推介辽菜。请文学艺术家挖掘题材，编故事、写文章，甚至拍电影、电视剧，当个系统工程来做。

辽菜在东北。我是东北人，日常饮食，离不开辽菜，就像我身边的人多数都爱辽菜。叫什么名字不是最重要的，喜欢就好。

老式熘肉段

辽沈三大名店

◎李轻松

别样肉夹馍——李连贵熏肉大饼

熏肉大饼是一款四平的特色传统名点，主要原料有鲜猪肉等，这道美食其特点是熏肉肥而不腻，瘦而不柴，熏香浓，色泽红；大饼色黄清香，里软外酥层次多。

相传河北人李连贵在清光绪年间逃荒到吉林四平梨树小城，开了一家经营吊炉大饼和熏肉的小饭馆"兴盛厚"肉铺，兼营熟肉、懒饼、叉火勺。李连贵求教于老中医得煮肉秘方，选用八九味中药加入煮肉汤中，熏肉不仅香气浓郁，还有药用效果。煮肉的汤油加面粉和调料调成肉酥，抹在饼里起酥，层层分离，便于夹肉而食。熏肉讲的是火候，是色泽，是口感，而李连贵大饼全部都有。棕红的色泽，剔透的皮肉，不腻不柴的肉质，沁人心脾的味道；大饼外表金黄，层次分明，外焦里软。若是以饼夹肉，回锅再烙，则肉香入饼，回味无穷。因而一时食客如云，李连贵熏肉从此名声大起，其后李连贵大饼、蛋花汤也随之出名。

1937年李连贵一家迁居四平市道东北市场。1940年李连贵病故，其子李尧继承父业，专营熏肉大饼，门两侧悬挂"李连贵熏肉""大饼稀粥铺"，以示传承。李尧坚持改良创新，又调整煮肉的辅料

熏肉大饼

配方，以丁香、紫叩、肉豆蔻、砂仁、肉桂五味中药为主要香料，辅以花椒、八角、干姜等，制出的熏肉，不仅色泽愈加棕红，肉味更加纯正，食之不腻，不柴，而咀嚼有余味。用肉汤油调制肉酥，成饼更加金黄，七层分明，焦嫩相间，不硬不粘。用熏肉末、鸡蛋等制成的蛋花汤，亦是口味独特。

1950年，李尧之子李春生继承祖业，背着一坛老汤勇闯沈阳，把李连贵熏肉大饼的根子扎进沈阳。可以说这是李春生的眼光与胸怀所致，他看中了沈阳工业发达，交通方便，人口众多，肯定有一番风光。从此，李连贵熏肉大饼就在沈阳扎下了根，一直到今天的枝繁叶茂。

为了保持李家熏肉大饼的传统特色，李春生在制作和选料上颇费了一番心思。他选猪肉时，必须前槽至肋间，不肥不瘦、肥瘦相间带皮的新鲜猪肉。用清水浸泡六至十小时，之前用水加碱涮洗干净，去血污腥膜，然后才能切块入锅炖煮。如果是夏秋季节，还加放茴香，香味更加浓郁。老汤倒入，旺火烧开以微火慢炖，待肉块熟透后捞出，沥净油，晾于熏锅中加红糖熏制而成。这个过程需要时间的煎熬，更需要耐心的加持，才能煮出好肉，熏出好味。

用肉汤及食盐和调料加入面粉中和成的面团，烙熟后，金黄、焦嫩、起酥，口感细腻，肉香满满。

李连贵的熏肉秘方一直带有神秘色彩，煮出了好肉，也熬出了好汤，生意兴隆的诀窍也在于此。质量的保证首先还是食材。譬如，熏肉的来源都是自己宰的猪，外肉不得入内，以防病猪和劣肉的流入，精细到肉上不能有一根猪毛，否则会影响食客的感观，进而影响店铺的声誉。

还有一个原因，就是坚持守正与创新。一百多年来，李家传人把名誉看得极其重要，要求十分严格。传统不能改变，肉的选择，

熏肉大饼

老猪不用，小猪也不用，肥瘦总要适宜。就宰猪来说，做到一根毛也不带，必须干净；就煮肉来说，把握的是火候，坚持的是硬烂适中，不腻，不柴；就配料来说，多年的实践探索，终于选中五种中草药料，带有强烈香味；就做饼来说，肉酥、用水各求适度，烙饼和熏肉同样精细到每个细节。

肉与饼的灵魂说到底还是那锅汤。是汤赋予了肉的精髓，也是汤激发了面的味道。一锅老汤，越熬越有感觉，汤中肉，越煮滋味越足。煮肉和面，随季节不同而增减，药膳配方，能在夏季解暑消食，在冬季温胃散寒。

李连贵大饼已经走向全国，在北京等多个城市开了连锁店，让更多的人品尝最好的饼、最好的熏肉。你可以选择一个心仪的位置，安静地坐下来，几张饼一盘切熏肉，把浓香四溢的肉夹进金黄酥香的饼里，再加上绿色的葱丝、微甜的面酱，慢慢地享用。此刻，饼的酥香、肉的熏香、葱的清香，交融在一起，咬一口满嘴留香。再来碗绿豆粥或小米粥，那是人间最有烟火气的幸福，这感受会长久地留在你的心里，历久弥新……

老字号的百年芳华——老边饺子

位于中街的老边饺子馆可以说占尽天时地利人和，人气很旺，装修中规中矩，古朴大方，大抵也符合消费者的想象。就连当年侯宝林先生吃了之后，也对老边饺子赞不绝口，还亲笔题词："老边饺子，天下第一。"

走进店内，环境十分优雅舒适，古朴典雅的招牌和对联，大气中带着一丝传统的韵味。木质的桌椅，舒适的环境与温暖的灯光，总能让人放下所有的疲惫，尽享美味带来的快感和幸福感。

老边饺子的创始人边福当年从河北逃到沈阳，最先落脚在小津桥。老边饺子从小津桥到北市场再到全沈阳城，开了多家店铺，用煸馅这手绝活得到食客的认可和赞誉，做得风生水起。自清道光年间，经过风风雨雨，至今已经有一百九十多年的历史了。

老边饺子之所以能一直发展，关键还是勇于创新，从未止步不前。边福的儿子边德贵子承父业，继续在煸馅上做文章，经过一番钻研，边德贵将普通的煸馅改为汤煸馅，吃起来口感更加香浓，汁液饱满。这种汤煸馅制作工艺的研发，初步形成老边饺子"皮薄馅大、鲜香味美、松散易嚼、浓郁醇厚"的独特风味。从此老边饺子一炮打响，成为众人皆知的美食。

这个汤煸馅的绝招，使老边饺子能够在激烈的竞争中立于不败之地，同时也被边家视为传家宝。在历史上，老边饺子的掌门人为了保密，都是将绝活传子不传妻、传男不传女，每天闭店后等伙计走光才亲自配馅。

1940年，与北京天桥、南京夫子庙、上海城隍庙齐名的杂巴地北市场，在商业鼎盛时期，迎来老边饺子的迁入。这对于老边饺子来说，是一次重大的决定，它充分地占据了地利，北市场当时巨大的市场号召力，和天南地北的人员往来，用现在的话说就是名人效应、流量巨大，老边饺子一下子声名远扬，一跃成为东北名店。而具有如此远见的就是边家第三代传人边霖。

后来，老边饺子经过公私合营，特殊时期歇业，到改革开放后重新挂起金字牌匾，边霖重又成为掌门人。老字号恢复了，边霖继续研发新产品，在煸馅的种类上有所突破。这时的老边饺子已经发展到二十六种馅，由水产、肉类、蔬菜调制，改进了圆笼上桌，增添了高档的酒锅饺子，使传统风味更添新彩。

百年煸馅蒸饺

老边饺子之所以久负盛名，主要是选料讲究，制作精细，造型别致，口味鲜醇，它的独到之处是调馅和制皮。

老边饺子百年来一直采用独特的煸馅工艺，一丝不苟地保持着独特的风味，每一道工序，都做得丝丝入扣。煸馅要先在锅内煸炒肉丁，先放入肥肉丁下锅煸炒，等肥肉丁中的油炒出来之后再将瘦肉丁放入锅中继续煸炒，肉馅煸炒至变色后，加入事先熬好的高汤，大火熬一刻钟，让煸炒后的肉馅充分吸收高汤中的精华，重归软嫩。之后加入精盐、花椒粉、白糖，小火继续煨十分钟后，将肉馅盛出晾凉，让汤汁凝固，这样当饺子熟后，汤汁会充分释放在馅里，咬一口，那汁液会立即刺激味蕾，得到香浓鲜美的味觉体验，让人欲罢不能。

老边饺子除了馅，皮也有绝招，就是加入适量的猪油开水烫面，这样和的面擀出的饺子皮柔软筋道透明，品相好看。擀饺子皮和包饺子都是采用人工制作，让整个制作过程满满都是温度和温情。擀饺子皮的老师傅，没有几十年的历练绝没有这等功夫，且看他两手并用，左右开弓，饺子皮纷纷抛出，令人眼花缭乱，那真是一种享受。据说每分钟能擀一百多张饺子皮，真是神速，想必也是经过多年苦练，才达到这种出神入化、随心所欲的境界。

饺子馅的调配也是有讲究的，与时令也相关。比如初春选韭菜、大虾配馅，韭菜馅是经过了肉汁和虾汁浸透的，肉虾菜三味合一，清香飘逸；盛夏用角瓜、冬瓜、芹菜，可以解腻；深秋选油椒、芸豆、黄瓜、甘蓝配馅，清爽可口；寒冬用喜油的大白菜配馅，松散鲜香。此外还有银耳馅、发菜馅、香菇馅、虾仁馅、鱼肉馅、黄瓜馅、红果馅、山楂馅，还可以吃到最有沈阳特色的酸菜馅饺子，爽口不腻，沈阳人就爱这口。至于肥瘦肉的用量一般是春、夏多用瘦肉，秋、冬多用肥肉，与菜的比例或三七，或四六，这样配比精确

冰花饺子

的饺子馅，荤素搭配，营养健康，口感极佳。

别具一格的老边饺子宴，是老边饺子馆的当家门面，不仅使人大饱口福，还是一场视觉盛宴。蒸、烙、煮、炸十八般武艺全上，各种形状的饺子让人大开眼界，几十个品种数不胜数，可谓是把饺子做到了极致。

冰花煎饺是老边饺子的主打特色之一，精美绝伦。饺子铺在平底锅里，锅中的热油和玉米淀粉完美结合，大火收汁，煎好后薄薄的底面形成冰花状的网格纹路，一幅北方冬季窗上的冰花图案完美呈现，神奇至极，竟如画笔描绘，是大自然的神赐，这种活灵活现的"冰花"令人不忍下口。这已经超出了饮食的概念，而达到了艺术的境界。

煎饺里面是韭菜鸡蛋和虾仁，口感丰富，咬下去还有鲜香浓郁的汤汁在口腔里迸发出来，它既有煎饺的焦香，又能保持馅料原有汁水。

最让人惊异的是御龙锅煮小饺，小饺之小，玲珑可爱，一两面精制而成，共二十五个。古香古色的御龙锅，上下翻滚的小饺子在其中搅动着，如龙搅水，看之惊艳。此外，还有素便宴值得一尝，它是用上好的青菜精心烹制，食之有菜的清香之味。而珍妃宴的食材是各种山珍、野味，那口感需要食者用心体会，总会给你意想不到的惊喜。

"老边饺子有独特之处，要保持下去。"这是邓小平同志1964年到沈阳视察时，品尝过边霖包的饺子后，给出的评价与鼓励。

一家饺子店，风华越百年。老边饺子馆从小门店发展成为沈阳餐饮业的翘楚，是时代的缩影。这是一种始终如一的坚持，是品质，是每代传人不间断的传承和创新。

东北烧卖第一家——马家烧麦（卖）

"烧卖"是一种加馅蒸熟的面食品。因其形似麦梢上绽开的白花，故在清代乾隆年间，诗人杨米人曾用"稍麦馄饨列满盘"的诗句，来称赞烧卖之美。

在沈阳中街商业区小北门里，有一家沈阳历史上成立最早的回民餐馆——马家烧麦（卖），它历经两百多年的演变发展，成为驰名中外的特级回民饭店。

马家烧麦（卖）的历史可以追溯到清嘉庆元年（1796）。那时，回民马春每天推车到小西门里边包边卖。由于他做的烧卖配方独特，选料精细，吸引了不少顾客，并小有名气。道光八年（1828），其子马广元继承父业，在小西城门拦马墙处开店，挂上了"马家烧麦（卖）馆"的招牌，名气日增。同治七年（1869）由于"马烧麦（卖）"选料严格，精工细做，造型美观，口感柔韧劲道，馅嫩多汁，无渣易嚼，咸鲜适口，在不断创新的基础上，具有独特风味、别具一格而声名远播。"马烧麦（卖）"的大名不胫而走，香飘沈城内外，一时间，社会各阶层名流雅士趋之若鹜，纷至沓来，争相品尝这美味佳肴，生意兴隆一路长虹。

马家烧麦（卖）两百多年来坚持做良心烧卖，是用匠心和技艺打造出来的，当然还有不断创新，不断适应时代的发展需求和人们口味的改变。但变与不变，都要遵循食物本身的品质和一个商家的初心。有的字号产生，有的在消亡。老字号如果丢掉了魂魄和良心，很快就会被淘汰，所以马家烧麦（卖）深谙经营之道。从一辆独轮车到如今规模，马家烧麦（卖）始终保持着那个老味道。老味道就

马家烧麦（卖）门店

马家烧麦（卖）

是一想起便袭上心头的滋味，老味道便是某年某月某日一个温暖的镜头，那面皮透亮、馅料鲜香的烧卖，头上一顶花蕊，即将绽放的样子……

要问沈阳人，为什么得意这口？那么就会得到一个回答：干净。能够配得上这二字的店家不多。所谓的干净，一是指料的纯正，马家烧麦（卖）用的牛肉都是取自牛的后腿肉，脂肪含量少，口感软嫩。二是指不添加多余调料，没有乱七八糟的添加剂，吃得放心。三是指店家心的纯净，没有歪门邪道。我想，一家店能够配得上如此的评价，应该是最高的口碑了。

观看师傅们包烧卖，肯定是种享受。只见那调好的牛肉馅放在面皮中央，五指翻飞着，灵巧异常，眼花缭乱间那面皮已聚一起，放进笼屉再一按一捏，顷刻间开口的烧卖做好了。待到出锅，热腾腾的蒸汽中，亮晶晶、笑盈盈、水灵灵的牡丹花就活生生地绽放了……

马家烧麦（卖）有自己的独门绝技："用开水烫面，柔软筋道，用大米粉做补面，松散不粘，选用牛的三叉、紫盖、腰窝油等三个部位做馅，鲜嫩醇香。制馅要求严格，需将牛肉剔净筋膜然后剁碎，用清水浸煨，加调料拌匀不搅，呈稀疏状的"伤水馅"，拢包时不留大缨，形如木鱼，成熟后皮面晶亮，柔软筋道，馅心松散，醇香味好。其外形犹如朵朵含苞待放的牡丹，令人望而生涎。"

一个品牌创建不易，守住更难。字号创建后，不断地推陈出新，才是字号生存下去的途径。虽然传统的马家烧麦（卖）只做牛肉馅，但所幸的是，马家烧麦（卖）的一代代传人并没有裹足不前，而是不断地推出新品：玉米面羊肉馅、韭菜虾仁的翠玉馅、角瓜鸡蛋木耳的双素馅、牛肉青椒馅……这些特色创新品种，并没有改变传统牛肉馅的老口味。

马家烧麦（卖）

马家烧麦（卖）

　　一口烧卖，一口羊汤是标配。店里的羊汤清淡鲜灵，都是经过时间的淘洗，才有了味道的浸润。一碗羊汤端上，奶白色的汤面上，漂浮着几点香菜，倒点胡椒粉，如果愿意，再加上一勺辣椒油，喝下去贴心贴肺，舒服至极。

　　一种品牌靠的是味道，更是诚信和良心。马家烧麦（卖）虽然获得过很多荣誉，被国家有关部门评定为"中国名点"，但价格却很实惠很亲民，不同层次的消费者都能在这里找到属于自己的消费空间，找到归属感、幸福感。

　　马家烧麦（卖）如同绽放在味蕾上的一朵花，无论走到哪里，它的芳香都会温暖游子的心，唤起人们对家乡的温暖记忆。

旧食记

◎杨荫凯

记一：冬天的记忆——烤地瓜

在我们的印象中，地瓜既是蔬菜，又是主食和水果，它伴随我们走过夏天、秋天和冬天，是东北孩子最钟爱的食物之一。

小时候，家里不种地瓜，只有生产队才种，理由是地瓜毕竟不是精细菜，家里不会拿出宝贵的一小块菜地来种它。但这挡不住孩子们对地瓜的喜爱。

夏天，生产队的地瓜田一片油绿，地瓜秧芊芊蔓蔓彼此缠绕在一起，像厚厚的地毯铺陈在广阔的天地之间。禁不住诱惑，孩子们偷偷地通过旁边的玉米地爬进地瓜田，顺着地瓜秧往下面的地里摸，碰巧就会摸到一个大大的地瓜。孩子们手忙脚乱地将地瓜刨出来，又偷偷地爬出地瓜田。有时被看地的人看见，孩子们往往在怒喝声中落荒而逃，但手中的地瓜是无论如何也不会撒手的。把偷来的地瓜拿到河水里洗干净，用削铅笔的小刀把地瓜红褐色的皮打掉，每人分一小块。地瓜流淌着白色的浆液，仿佛牛乳一样，吃起来的口感清脆得像梨子，汁水微微发甜，能感觉到一点点生淀粉的味道。哎呀，那恰如夏天的味道，生命力旺盛但还远未成熟。

秋天，生产队的地瓜收完了，地瓜田里一片狼藉，土地已被翻

烤地瓜

起了一尺多深。当生产队的社员退出地瓜田后，母亲、婶子、大娘就带着孩子们蜂拥而入，每人手里一把长柄铁锹，到田里去翻找剩下的地瓜，东北人把这叫作"落（读作lào）地瓜"，那是孩子们最喜爱的一项劳动。大家争先恐后地在地里一通乱挖，偶尔能挖到一个或大或小的地瓜，便会引起一阵兴奋的呼喊和骚乱，小伙伴们时不时地拿着挖到的地瓜比试大小。经过半天的奋战，地瓜地仿佛经历了战争洗礼，一个坑连着一个坑，更加惨不忍睹了，但每家每户都能收获半袋子大小不一、或残或断的地瓜。回家后，母亲把完整的地瓜挑出来存放，把挖成半截的地瓜洗净蒸熟，那是孩子们的最爱，出来进去都要拿上一块地瓜边玩边吃。剥掉淡紫色的皮，成熟的地瓜瓤颜色橙黄，水分虽稍稍大一点，但味道香甜软糯。最好吃的是那种瓤呈金红色的，我们将其称为"太阳红"，甜度更高，质感也更为紧实。母亲还把未吃完的熟地瓜切成条，放到阳光下晾晒成地瓜干。地瓜干颜色紫黑，外面挂着一层淡淡的白霜，吃起来筋道、香甜，且能够长久保存。

冬天的夜晚，外面北风呼啸、大雪飘飞，室内灯光昏黄，土灶内煤火正旺，全家人围坐在一起闲聊。父亲从里屋拿出几个大小适中的地瓜，放到灶膛下面的炉坑里，用炉灰将其稍稍掩埋。大约半个小时，一缕缕甜香如丝如缕般地散发出来，最后馨香成汪洋大海弥漫了整个房间。父亲把地瓜从炉灰中翻找出来，此刻的地瓜已呈微瘫，软塌塌的红皮像老奶奶的脸失去了最初饱满青春的模样。父亲给每人分上一个，地瓜热烫，我们便用手轮流倒换着，奋力将地瓜皮扯掉，露出里面颜色金黄的地瓜瓤，香气更加浓郁迸发。吹着气，忍着热，嗞嗞哈哈地将地瓜瓤塞到嘴里，炙热的浓甜顿时洋溢在唇齿之间伴随着温暖瞬间滑落肚腹，胃里暖暖的，心里暖暖的，你会真实体验到什么叫作"香甜"。于是，在那些寒冷的冬日夜晚，

烤地瓜

那么一小块软糯浓香的烤地瓜成为孩子们的期盼，陪伴着我们度过那段清贫而美妙的童年。

或许是小时候地瓜吃多了的缘故，我现在多吃两块便会泛胃酸。但只要在冬天看见街头老人推着烤地瓜的大铁桶，还是忍不住买上几块，回家与家人共享，而那冬夜吃烤地瓜的记忆总会无遮无挡地重回眼前。

记二：东北的压桌菜——小鸡炖蘑菇

临近年关了，东北家乡应该又是瑞雪飘飞的季节，也是家家户户忙着筹办年货的时节了。记得儿时的此刻，父母都要在每天下工后，到集市上转一圈，踅摸一块肉、一绺粉丝、几块冻豆腐抑或半串蘑菇（东北的蘑菇是用线绳穿起来卖的）回来。慢慢地，放在屋外储备年货的大缸被填满。那缸里不仅仅是年货，还盛着父母的成就和全家人的期盼！

从除夕的早上，母亲就开始张罗全家人盼望已久的那顿年夜饭，小鸡炖蘑菇是压桌的大菜，也是印象中最香的一道菜。虽然叫小鸡，但母亲只会选用老母鸡，特别是那种不下蛋的老母鸡，进入腊月后杀掉，收拾干净后冻在大缸里，而那些能下蛋的小鸡，她老人家是舍不得杀掉的。母亲先是在大菜板上把老母鸡剁成大小适中的块，放到大铁锅里爆锅热炒，炒出香味、鸡肉微微发白后加入半锅水（家乡的水也好哇，是甘甜清冽的地下水），之后往锅里放入足量的蒜瓣、葱段、花椒、大料，盖严锅盖，用木柴旺火炖煮。不多时，浓浓的鸡肉香味，便从锅沿与锅盖的缝隙间伴随着白色的蒸汽不可阻挡地冒出来，渐次弥漫到屋内屋外，闻了让人口水不由自主地流出来。

小笨鸡榛蘑炖土豆

小鸡炖蘑菇

趁此工夫，母亲把前晚泡好的蘑菇拿过来，仔细地拣择一下。那蘑菇必须要用红松蘑，因为这种蘑菇个头大、菇秆粗、菌肉厚，吃起来才过瘾。母亲用剪刀把蘑菇根剪掉，再认真地去除蘑菇上的虫洞和坏败部分。蘑菇要反复洗几遍，确保没有泥土。之后，再把蘑菇里的水攥干，打开锅盖，将其放到翻滚的鸡肉汤中。此刻锅里的汤汁已呈乳白色，锅边上有一圈淡淡的黄色，那是老母鸡足足的油水。放好蘑菇再盖上锅盖，炖上半小时左右。此刻，锅里冒出的香味更加浓郁，与之前相比，肉香中增添了蘑菇的清香。临出锅前，还要放入几绺宽宽的土豆粉条。

到出锅的时候了，在院子里疯玩的孩子们被香味吸引到灶台边，眼巴巴地看着母亲把黄白的鸡肉、暗红的蘑菇、透亮的粉条和浓郁的汤汁盛到大瓷碗里，忍不住馋念用小脏手趁乱抢出一块香气四溢的鸡肉，在母亲的嗔怪中不顾死活地放入嘴里。为了安慰我们的急切，母亲拿来小碗，放入几块鸡肉和蘑菇、粉条，再舀上一勺汤让我们慢慢地品尝。于是，我们几个孩子蹲坐在灶台边，尽心尽力地享用那人间的美味。鸡肉香甜、蘑菇软糯、粉条滑润、汤汁浓郁，那是怎样一道美食呀，浓香、清香、糯香、异香，肚子里煎熬了几个月的馋虫得到了极大的安慰和满足！母亲心满意足地看着孩子们贪婪的吃相，那是多么温馨的一幅画卷。这便是印象中年夜饭最美妙的开端，也是儿时记忆中最香甜的美味！

记三：享誉关外的名小吃——黏豆包

黏豆包是享誉关外的一道美食，也是印象深刻的一道童年甜点（虽然它实际上是一种主食）。

黏豆包

我的家乡大田作物主要是玉米和高粱，用来制作黏豆包的江米（南方人叫糯米）基本上没有，所以黏豆包不常做、不常吃，但因为曾祖母、祖父母对这种吃食的喜爱，家里每年冬天还是要做上几回。

　　做黏豆包前，祖父从集市上买来江米到生产队碾米厂碾压成细细的面粉，这种面粉既可以用来做黏豆包，也可以在正月十五时滚元宵。面碾回来后，八十多岁的曾祖母亲自将其加水和成面团，为了增强面的弹性，面团要经过反复揉搓。面团揉好要放在盆里醒上一会儿，之后像包饺子擀剂子似的，将面团揉成辊儿，切成段，擀成片。当然，相对于饺子，黏豆包的皮要厚一些。做黏豆包最讲究的倒不是这个面，而是那个馅。那时候不像现在，可以到超市里买现成的红豆沙馅，做黏豆包的馅完全要靠手工且差不多得用一天的时间才能完成。前一天，祖母把秋后从老豆角荚里收集来的干芸豆粒（东北人叫"饭豆"）拿出来，洗干净后用水泡上半天，之后放到火炉上的大铝锅里加水慢慢煮。豆粒要煮一两个小时，直到豆粒皮脱了，把锅端下来挑出脱落的豆粒皮。之后再把锅放到火上煮，在煮的过程中用一把勺子边搅拌边碾压豆粒，尽可能把豆粒碾成泥状，最后在碾碎的馅料中加入几粒糖精（白糖是舍不得用的，也基本上用不起），这时才能把锅从火炉上端下来备用。而这种甜甜的豆沙馅是我们的最爱，经常趁老祖母不注意用羹匙从里面偷偷地挖出来一勺放入嘴里，沙感十足且香甜无比。

　　黏豆包包起来容易，就是用面皮包裹上一小坨炸好的豆馅，包好后的豆包有小孩拳头大小，皮不能太厚，但馅一定要丰满。在大柴锅里放上笼屉，笼屉上一定要放上屉布或大白菜叶，当然最讲究的是用泡好的干苏子叶铺底。将包好的黏豆包小心整齐地码放在笼屉上，相互之间一定要隔开一点距离，否则豆包蒸熟后会粘连在一起。盖上锅盖，用湿布把锅盖上的缝隙都盖严实，用柴火蒸上半个

黏豆包

黏豆包

小时，一定要确保豆包蒸熟了。开锅的那一刻，你会被豆包的样子惊呆，一个个黏豆包体积比原来稍稍大，白净剔透地排列在笼屉上，热气蒸腾，伴着浓郁的米香和豆香以及苏子叶的香味，这就是黏豆包特有的香气。出锅的黏豆包可以直接吃，但味道和口感都稍差，最好是将一笼屉蒸熟的黏豆包放到室外冷冻后再吃。经过一晚上的严寒冷冻，黏豆包似乎比原来显得更挺拔，且透明度明显提高，透过晶莹的半透明状的豆包皮，能隐约看到里面暗紫色的豆馅，此时的豆包坚硬如铁，用嘴咬一口只能留下一点白印。祖母把冻好的黏豆包一个个地从笼屉上摇动下来，储放到外面存放食物的大缸里。在过后的一段日子里，老人家会时不时地从缸里拿出一些冻得硬邦邦的黏豆包，重新回锅热一下。与最初相比，再次出锅的黏豆包外皮黏黏的，充满韧劲，内馅甜甜的，充满浓香，是我们餐后最喜欢的一种食品。当然，由于黏豆包的黏度太大，牙齿松动的人最好别吃，否则会把牙粘下来，这在东北是经常发生的事，绝对不是笑话！

黏豆包热量高、不易消化、抗饿，符合冰天雪地环境下东北人劳作或远行对食物的需求，因此被父老乡亲广泛喜爱。对当时的孩子而言，与味道相比，我们实际上更喜欢它独特的制作过程。如今，偶尔能在超市中看到这种食物，不会去买，但会不由自主地想起曾祖母、祖母制作黏豆包的那些暖人场景，在她们现在居住的遥远天堂，应该还会有黏豆包吧！

记四：南方"小土豆"没吃过的水果——冻梨

周末陪孩子上完课，去父母家看望他们。父母前几天回了趟东

冻梨

北老家，带回了几个冻梨，见我们来了，母亲连忙从冰箱里拿出了几个。女儿不知何物，拿起来冷冰冰，咬一口硬邦邦，真的是无从下手、无从下口，我们都笑她。在用冷水化冻梨的时候，拍了张几个冻梨粘在一起的照片，发条微信朋友圈让大家猜是什么，朋友们有说是台湾水果的，有说是无花果的。难怪，现在城里人，有几个见过冻梨、吃过冻梨的呢！

东北天寒地冻，新鲜的蔬菜水果很难存储，于是聪明的东北人便发明了很多保存方法，如酸渍、盐腌、风干等，而冷冻是其中最常见的一种方法。每到冬天，果农们都会把未卖出去的梨（最常见的是秋子梨和花盖梨）、苹果（最常见的是国光苹果）等置于室外冻起来。慢慢地，东北人发现这种冷冻的水果味道独特，开始喜欢上这种吃法，而会不会吃冻梨成为检验是否是东北人的一个标准。

儿时，家里不富裕，水果是很少能吃到的，以致到了今天，仍未养成吃水果的习惯。每到腊月，父亲便会买一大篓冻梨或冻苹果回来放置到屋外的大缸里。自此，吃上几个冻梨成为全家人最快乐的事情！每天晚饭后，母亲便用一个小盆子从外面的缸里拿来几个冻梨或冻苹果，秋子梨是乌黑的，花盖梨是黄黑的，苹果是翠绿的，盆子里放上凉水，水要淹没梨子。慢慢地，梨子表面结出了一层厚厚的冰壳，冰壳彼此粘连并冻在一起。倘若揪住一只梨把儿，便能拎起一串冻梨，宛如放大的葡萄串，晶莹、可爱而神奇！再过一会儿，可以用手把冰壳捏碎了，你会发现原本硬邦邦的冻梨变软了，但无论梨子、苹果原来是什么颜色的，此时一律变成乌黑色，毕竟严寒早将水果表皮冻坏了。

拿起一个冻梨，用嘴咬下去，果肉绵软、白皙而多汁，一股或酸或甜的味道伴随着冻牙的冰凉迅速滑过口腔、食道，浑身为之一颤，来自胃肠深处的那股舒爽瞬间从每个毛孔渗透出来、荡漾开去，

51

冻梨

你会忍不住地赞叹"好爽、好爽"。于是，接二连三地吃下去，直到浑身发抖才肯罢休。

由于嘴急，我们这些小孩子往往等不到冻梨完全化开，从冻得硬邦邦的阶段就开始啃，一口下去，梨子表面只留下两道白茬儿，这种吃法是需要好牙口的，但吃起来更为刺激爽口。还有一种吃法是把一两个冻梨（最好是冻苹果）装在大碗里放到锅里蒸熟，食之绵软适口、香气浓郁，有种水果罐头的感觉。想象一下，寒冬腊月或是大年正月，屋外大雪飘飞，全家人围坐在火炉旁，吃上几个冻梨，既温馨又消食去火，是人生的莫大享受哇！

女儿吃了一次冻梨便喜欢上了，毕竟是东北人的后代，骨子里还是东北人的饮食习惯。于是买了几个梨子，在冰箱里冻上，偶尔拿出来一个给她吃，孩子感觉也不错。

猫冬的主心骨儿

——东北酸菜

◎刘齐

东北人家里，有两样东西不可缺少，一是酸菜缸，二是腌酸菜用的大石头。贫苦人家如此，豪门富户也如此。当年张作霖的府里配有七八口酸菜缸，可往往还是不够吃。张大帅的儿子，亦即张学良的弟弟张学思少将，曾任解放军海军参谋长，弥留之际，最想吃的就是酸菜。

酸菜和中国人比较亲，山南海北都能见到它的身影。四川佳肴酸菜鱼，所用酸菜即其一。这是一种黄绿色酸菜，其原料为叶用芥菜，学名笋壳青菜，十字花科，两年生，在东北人眼里显得遥远、陌生、神秘，物以稀为贵，上饭店吃为尊。我斗胆将其命名为：南酸菜。

东北酸菜，与南方的兄弟相对应，自然成了北酸菜之一种。其原料，是当地人习以为常的大白菜，秋末冬初，加水加盐，在缸中腌制。菜顶还要压一块大石头，于寒冷的环境中让菜慢慢紧缩，发酵，二三十天以后便大功告成。赶上降温，透过冰碴儿，从缸中取菜，冻红了手，嗞嗞哈哈进屋，一闻那黄白色的菜棵，凉丝丝的一股奇香，正宗，爽口，就是这个味！

东北太冷，从前没有反季节的大棚作物，不知谁发明（或从关内引进）了酸菜，帮人们猫冬。估计是老百姓自己琢磨出来的。若

东北酸菜

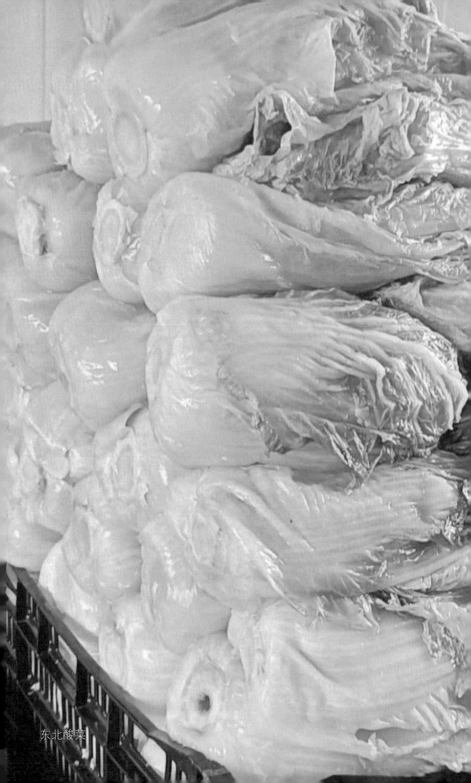
东北酸菜

是苏轼、左宗棠那样的名人所为，大家不忘其恩，不掠其美，早就叫东坡酸菜、左公酸菜了。人间大多数好东西，都是由平凡的无名氏所为，或者独创，或者前仆后继，你添一瓢水，我加一把柴。光大于民众，相忘于民众。

东北酸菜虽然普通，却很有个性，比较倔，不大喜欢与其他蔬菜为伍。你见过菠菜、韭菜、黄瓜这些娇滴滴的嫩货，与酸菜在一个锅里搅马勺吗？

酸菜的倔，自有其道理，冰天雪地的，你们一大帮都躲哪儿去啦？剩我哥儿一个扛着！

当然，关外寒季的地窖里，还有几样别的看家菜，比如土豆，比如白菜。按说土豆脾性温顺、极富合作精神吧，那又怎样？东北有句歇后语：土豆炖酸菜——硬挺，说的是土豆在酸菜这倔货的影响下，难保其传统美德，想面也面不起来了。

即使对自己的本家——白菜，倔货也不愿联袂献演。没听说酸菜和白菜伙在一起，是道什么菜，新老神仙斗法？小朋友不爱和家长玩？早知如此，何必当初？

与酸菜比较合得来的是谁？是不甚高雅、难得吟咏的肉类。东北大姨烹制酸菜时，常慨叹，这家伙呀，最喜油了。也难怪，卿本贫寒，理应增点脂肪，增点热量。肉也怪，一经与酸菜相识，马上减了肥，去了腻，增了香，犹如花哨女子洗尽铅华，返璞归真。

酸菜不但挑伙伴，还挑料理方式。通常，东北酸菜有四种食法：一曰炖；二曰炒；三曰包饺子；四曰生吃。

生吃，是酸菜为东北人民服务的最朴素形式。娘在瓦盆里洗酸菜，见孩子眼巴巴望着，便把菜帮劈巴劈巴，露出最精华的菜芯——给！孩子小手捧着，跑到冷风里，一边在冰上"打出溜滑"，一边咯咯地、快意非凡地嚼。孩子不知冰激凌为何物，酸菜芯就是

东北酸菜丝

孩子的冰激凌。当爹的看着眼馋，炕桌上也弄了一截，蘸酱，下酒。

酸菜最高、最经典的表现形式，是炖，与肉在一起炖，用火锅、砂锅，或普通锅，俗称酸菜白肉、酸菜火锅，雅称汆锅、汆白肉。"汆"，望文知义——入水，因此一定要有汤，往往是宽汤（汤要多的意思）。几口就喝见了底，算什么豪爽。"汆"，饭馆印菜谱，食堂写黑板，往往误写为"川"。川就川，又不是考研究生。而且，川即大水，符合多汤原则。其字形，又如三片白肉侧立，倒也逼真。

白肉——请允许我冒用烹饪讲义的专业口吻——为五花三层肥瘦适中的带皮猪肉，置于凉水锅内，煮至六七分熟，捞出，切片，备用。

东北人做菜爱放酱油，但这个例外。于是，肉片白嫩洁净，故曰白肉。

白肉在东北的历史很长，满族皇帝祭祀，就爱用白肉当供品。礼毕，将其赐予宠臣当场食用。皇恩固然浩荡，但那白花花的"御肉"别说放酱油，丁点咸味皆无，害得文武百官每临祭典，便叫苦不迭。聪明或"腐败"一点的，灵机一动，买通端肉的小太监，嘱其于袖管中暗藏一撮盐救急。倘若皇上改革礼仪，用白肉炖一大锅酸菜，则臣子们的诚信度一定有望攀上一个新台阶。

汆白肉用的酸菜，主要是菜帮。腌制精良的酸菜帮，本身已经很薄，关东巧妇犹嫌不足，顺莛用刀，再片出三两个层次，薄近透明，为生鲜菜帮所不及。然后，横切成丝，极细的丝，与白肉和花椒、八角、海米等合炖。炖讫，佐以韭花、腐乳、蒜末等小料，趁热吃下，顿觉通体舒泰，心境一流，哎呀，做一个东北人多幸福！

如有条件，放入血肠、粉丝、冰蟹、牡蛎，锦上添花，更觉幸福。

从前——对不起，又要忆苦思甜了，这道菜只有富人吃得起。

东北炖酸菜

东北酸菜

曾有当官的在地主老财家尝过一次，连连称赞。过后又连连说"不能再吃了，不能再吃了"，不知说的是美味不可多得，还是担心斗志被美味消磨。

新中国成立后，物质尚未解放，一般人做酸菜，仍是缺油少肉。

有一年除夕，我家张张罗罗，到底做了回余白肉，十二岁的我哥吃罢大喜，出门便炫耀。邻人问何菜，我哥憨而粗略，答："酸菜汤。"

我妈闻之，大为不满，认为该描述太不到位。

我哥二十一岁那年冬天，患重病住院，临终前，问他想吃什么，回答仍是酸菜汤。母亲的眼泪当时就漫上来，二话没说，跑遍物资匮乏的沈阳城，终于买了份余白肉，用饭盒盛着，围巾裹着，热腾腾地端进病房。

"酸菜汤"的故事，母亲念叨了一辈子。

当知青的我哥，与前面提到的张学思将军，素昧平生，死期却很接近。

我在美国北卡罗来纳州常住的那些年里，置身汉堡天地、热狗乐园，十二分地怀念酸菜。上下求索而无获，舌头蔫，灵魂愁，一并思乡。

某次，去华盛顿一对东北籍老夫妇那里聚会，万万没想到，餐桌上异彩夺目，浓香扑鼻，居然有一盆酸菜！余白肉！当时我就愣了，下意识往厨房瞅。开放式的西洋灶间，哪里有我们那淳朴的大缸、厚重的石头？我百思不解，得意扬扬的主人偏又卖关子，一餐饭吃得既酣且疑，惊喜交加，仿佛在梦中享用天赐的神品。

吃完饭，老夫妇笑吟吟，拿出一筒罐头，揭开谜底。原来，那是一种德意志风格的罐装酸菜。

与莱茵河畔的人们握手吧，他们的酸菜，与地球另一面的东北酸菜，色泽非常相像，味道非常相像。更令人兴奋的是，美国佬见贤思齐，拿来主义，全盘照搬，广为生产，再将这种酸菜运至大小超市，标上华人费解的生冷单词，摆在如林的罐头丛中，静待你的开发。

宾客拊掌称奇，自嘲孤陋寡闻，从此得一妙招，外邦接通故园。什么是踏破铁鞋无觅处，得来全不费工夫？这个便是。

酸德国，甜犹太，德国人的爱吃酸，是出了名的。而且，与中国东北人英雄所见略同，深谙酸菜喜油的本性，创造出一道荤素巧配的德国名肴：酸菜猪肩（东北叫肘子，江南叫蹄髈）。稍感遗憾的是，德国酸菜由甘蓝腌制，不如东北酸菜口感脆生，禁不起炖，沸汤里滚几开，就不大支棱了。

但我仍然感谢它，助我一次次解馋虫，化乡愁。这还不够，每逢有东北人初到北美，文化震荡，两眼一抹黑，我便郑重推荐该罐头，使老乡两眼放光，暂把他乡当故乡。

这种大工业的生产方式，尤其值得效仿。回国后，跟家乡一位当了公司老总的朋友建议，办个加工厂，建一条酸菜生产线。老总不屑，认为我呆。没过几年，批量生产的东北酸菜面世了，滚滚商机尽由别的好汉把握。

在法国民间，也有类似德国那样的酸菜，用甘蓝切丝，一层菜一层盐，交替平铺于专用陶器，另加一种杜松子调味，缓缓发酵而成。配以熏肉猪蹄，银刀银叉，堂而皇之充任法式大菜。

据说，这种腌制法是从中国学来的。

我愿意相信法国人的这一"据说"。

又据说，当年修万里长城，役工就是靠着酸菜补充营养，维持体力，嗨哟嗨哟，流血流汗，成就了伟大而悲壮的建筑。

酸菜，古称菹，《周礼》中就有其大名。北魏的《齐民要术》，更是详细介绍了我们的祖先用白菜（古称菘）等原料腌渍酸菜的多种方法。东北不需要说了，河北、河南、山西、陕西、甘肃、宁夏、内蒙古等地，都有酸菜香飘千家，恩泽万户。在中国版图上，沿着古老的长城走向，我们甚至可以画出一条宽广的"酸菜带"。如果算上南方喜食酸菜的众多地域，这神奇的"酸菜带"将延伸扩展，愈益壮观。巍巍华夏，处处酸菜皆养人，养了古人养今人。

大白菜是中国原产，腌。甘蓝（即洋白菜）是外来的，照腌不误。雁北农户腌酸菜，与德法洋人暗合，恰恰也用甘蓝做原料。其中一种"烂腌菜"，恰恰也是先切丝，后腌存。只是，无从寻求洋气十足的杜松子。老乡因地制宜，另有良策，他们掺加芹菜丝、胡萝卜丝。腌得酸菜，水津津夹出几筷子，就小米稠粥，就山药蛋，闷头猛吃。放下碗，扛起镢头，哼两句北路梆子，入田间劳作。

酸菜，酸菜，你真是我们中国人的好朋友。漫长的岁月里，你陪伴我们，由辛酸至甘甜，由羸弱至强健，渡过了多少难关。

市场经济雄起，时尚新潮遍地。小两口成婚，家里置微波炉、电饭煲，不再备缸与石。男娃娃玩数码，大闺女练开车，不再学腌渍本领。但他们和父兄一样，仍然爱吃酸菜。一代又一代人心中的情结、胃中的酶，不是大风一吹，就吹得掉的。

南酸菜，北酸菜，都是酸菜。昔日无缘会面，今日你来我往，保守性渐弱，适配性渐强。遇有新奇菜料，酸菜诚恳协作，合则存，不合道声珍重，再试别的。有专家担忧，酸菜致癌；另有专家宣称，酸菜防癌。言之凿凿，互相矛盾。老百姓不以矛喜，不以盾悲，你说你的，我吃我的，冬天吃，夏天也吃，居家吃，上馆子也吃。世界千变万化，酸菜，你能与我们走向永远吗？

万物皆可炖

——铁锅炖大鹅

◎李轻松

在东北，万物皆可炖。换句话说，东北的铁锅炖，可以"炖天下"，没有什么是一大锅铁锅炖治不好的，铁锅炖大鹅、灶台鱼便是这千炖万炖中的一朵奇葩。

鹅是一种经济价值较高的家禽。东北的自然环境比较好，土地肥沃，很多地方都适合养鹅。鹅肉富含蛋白质和氨基酸，脂肪含量低，非常容易被机体消化，提高人体免疫力。鹅蛋更是营养丰富，富含蛋白质、维生素以及多种矿物质。

东北人爱吃鹅有历史传统，很早就有记载："鹅、鹑、凫"等家禽都是东北人餐桌上的佳肴美馔。

铁锅炖大鹅是精选散养的农家鹅为原料，并辅以多种中草药和上等调料，以干辣椒、花椒、大料、桂皮、草果、丁香、砂仁、陈皮等十几种香辛料做佐料，再配以东北本地特色山野菜、黑木耳等食材精心烹饪而成。大鹅肉质紧实、皮色金黄、质地细嫩，无论是炖煮还是熬汤都十分鲜美，经常食用鹅肉能够补益五脏、祛风除湿，对人体具有滋补和保健作用。鹅肉是一种老少皆宜的健康肉类食品，而且在品尝的过程中能够使人感受到浓郁的乡土气息。

"知乎"上关于东北铁锅炖文化的诠释十分透彻。铁锅炖源于闯关东时期山海关里与关外不同饮食文化交织与融合。闯关东是东北

铁锅炖大鹅

历史上非常重要的一个历史事件。狭义的闯关东，仅是指从清朝同治年间到"中华民国"这个历史时期内，关内百姓去关东谋生的历史。

东北地区物产丰富，有各种食材可供选择，从长白山的野味，家养的牲畜到辽宁沿海的海鲜，皆可用铁锅烹煮，因此铁锅炖就这样成为人们心中优质的烹饪方法。通过铁锅乱炖的形式烹饪成独特的美味佳肴，各种肉加蔬菜更是鲜香无比，形成地方的特色文化。

循着美食的脉络，一款经典美食从来不缺历史传说。相传，秦王李世民为了解敌军情况，带着几名属下亲往敌军营地探查敌情，不幸被敌军发现。李世民带着属下奋勇突围，虽然成功逃脱，却在征战中受伤，就在他们快要绝望的时候，遇一采药之人，自称姜尚后人吕氏。吕氏深受战乱之苦，对英明神武且爱民如子的李世民非常拥戴，用铁锅炖野鸡野兔等为他们补充营养，得知李世民受伤还在里面添加了中草药。李世民和属下饱餐过后，精神大振，伤口也在几日内愈合，李世民之后开启了大唐盛世。每每和属下谈论起刺探敌情的危险经历，就想再回味一下当初的美味，李世民传来药王孙思邈详细了解，在铁锅炖中再添加一些对人体有益的中草药，成就了美味和良药的结合。感激于吕氏的相助，加之对民意的顺应，李世民下令老百姓可以使用铁锅。铁锅的使用是一件大事，极大地提升了当时百姓的生活质量，也促进了社会经济的发展。

炖大鹅就是一道最有乡土气息的菜，最贴心贴肝的菜。冰天雪地，咕嘟嘟的声音，便是对极寒天气下人心的抚慰。也许没有一只鹅能活过冬天，这话虽说得有些夸张，但足见沈阳人对这道菜的倾心。大鹅在东北乡下是硬核的存在，看家护院比狗还厉害。鹅基本都是散养，吃的也是玉米杂粮，虽说肉丝有点粗，但它最接近野味。炖鹅的锅必须是铁锅，烧的也必须是柴草木桦，这样炖出来的大鹅才味正。沈阳人说炖鹅，必须要加个大字，凸显那种豪放霸气，锅

铁锅炖鱼

盖一掀，热气一团团散开，那鹅肉鲜亮活泛，汤汁浓郁鲜美，连那土豆块也吸满了汁液，吃一口，长长地舒出一口气，顿觉整个身心都温暖起来了。

铁锅炖鱼也广受好评。一般鱼里要添加豆腐、白菜、粉条、茄子等，有点像火锅，却是东北的乡土锅。柴火越烧越旺，鱼是越炖越鲜，菜是越炖越入味。一家人呜呜嗷嗷地团团围坐，大人不断地给孩子们捞菜，散发出来的香气把孩子们的脸都遮住了，到处弥漫着那种鱼香。

不管炖什么，铁锅才是最佳。鹅必须采用老鹅。老鹅不仅口感筋道，而且滋味浓厚，极易出彩。只要是铁锅，都具有铁的一些共性，在导热储热方面会比不锈钢锅或铝合金锅要强。铸铁锅的好处在于两个物理特性：导热性能好，储热性能好；而且它还非常耐热。这样就会减少蔬菜维生素C及其他营养的流失，所以特别适合用来

铁锅炖大鹅

做炖大鹅或其他小火的炖煮菜，达到鹅肉软烂鲜香的效果。

炖鹅用木柴炖煮效果更佳，旺火煮沸，小火炖至骨酥肉烂，余火加热煨至汤汁浓稠。木柴火加热的优势是其他能源所不能相比的，木柴火燃烧的面更大，加热的范围更广，炖煮食物时，食材受热更均匀，利于鹅肉成熟度一致。

沈阳还有一道有名的炖菜叫一锅出。之所以叫一锅出，是菜和主食从一个锅里出来。一锅出的食材繁多，但是不杂乱，所用到的食材比较耐炖，有土豆、豆角、面瓜、玉米等。

正宗的一锅出是在锅壁上贴一圈玉米饼子，有菜有饭，经济实惠，黄澄澄的玉米饼子让人胃口大开，后面还有烙出来的一层锅巴，又酥又脆，吃起来嘎嘎香。豆角炖出来，肥厚多汁，玉米黏糯香甜，土豆和面瓜清甜扑鼻，绵软可口。几个人围着热乎乎的锅子把酒言欢，吃得津津有味，也让很多食客流连忘返。这会使人们无比快意，在酣畅淋漓的大嚼大咽中找回了流淌在舌尖上的乡土气息，地道的东北风味。五十岁以上的沈阳人都会有贴大饼子的记忆，那时一年也吃不上几回肉，菜更是清汤寡水，只有那一锅出里的色彩抚慰了人心。锅底可能是漂不了几个油星的白菜帮子，可能是绿的豆角、黄的土豆，可能是白的粉条、紫的茄子，看似粗糙简单，却帮助那个年代的人度过艰难岁月……当然也有做烀饼的，就是把面均匀地铺摊在菜上，等出锅时，这饼浸染了汤汁，吃起来齿颊生香。

东北菜氛围要大于口味本身，吃饭的热情是最难得的。一家人团聚围坐，灶台热气蒸腾，香气四溢。吃铁锅炖大鹅，最是浓汤不能错过。盛一碗热汤，黄油其上，香艳沁脾，唏嘘而入，口感醇滑，不腥不腻。再夹一块鹅肉，满含质感，馋涎欲滴。外面寒风肆虐，室内温情暖暖，这是东北人的美食情境！

浓浓的乡情与年味儿

——杀猪菜

◎潘洗

　　家乡产玉，名岫岩玉，精美纯粹的玉器让这座小城声名远播。实际上，能让外地人心里痒痒地惦着的，当推那些极富东北韵味和满族风情的特色美食了。且不说岫岩绒山羊汤、攥酸汤子、烩馇子、山野菜蘸酱、小鸡炖蘑菇、炒"神仙"、苏子叶饽饽、酱缸小咸菜……数不胜数，单就一道杀猪菜，定会让您大快朵颐，回味无穷。

　　杀年猪是东北农村的传统习俗，以前是年初抓个猪崽儿养着，等到年底养肥了再杀，改善了平日寡淡的伙食，顺便解决了来年的油水。如今的生活水准更胜往日，虽说一年四季随时能吃到猪肉，但是，还数入冬以后的杀猪菜最好吃。

　　真正地道、可口的杀猪菜，可是大有讲究的。

　　猪是自家用粮食和豆粕饲养的笨猪，这样养的猪才毛黑、皮顺、肉肥、味香。不能喂猪饲料。去村里打听一下，左邻右舍都说老谁家养的猪好，那准错不了。酸菜得是用秋白菜刚刚腌渍好的，从冻了冰碴儿的酸菜缸捞出来的。东北人都知道，吃酸菜最好是在冬季和初春时节，夏天一般不吃。

　　烀肉是最重要的一道环节。锅需要大铁锅，柴火得用劈柴。先把猪肉烀熟，再把切好的酸菜放入烀肉汤中慢炖，这叫原汁原味。别小看了切酸菜的刀功，必须粗细均匀才行。

杀猪菜

炭是现成的，烀肉的劈柴最后都化成了红通通的木炭，若火炭黯淡了，就用火筷子捅一捅。再支上个火盆架，架上放个锅，锅内是用烀肉汤炖的酸菜、拆骨肉、血肠，还有切得薄薄的五花肉，一会儿工夫，锅里就咕嘟开了，那种浓郁的香气渐渐四溢开来，杀猪菜就可以吃了。

　　通常年长的在炕桌上吃，年轻的在地桌上吃，现在的年轻人几乎没人会盘腿了。杀猪菜是下饭的菜，最好不喝啤酒，胀肚。如果想喝，就整点白的，稍稍烫一下，解腻，而热乎乎的酸菜肉汤又下酒。一顿地道的杀猪菜吃喝下来，几乎每个人都会满头大汗，直呼过瘾。

　　岫岩的杀猪菜分两种吃法，以岫岩城为界，北面吃法基本是炖锅吃，大伙儿围着火盆团团坐；南面吃法则是炒菜吃，盘子碗摆满一桌子。不过现在有逐渐融合的趋势。至于饭店里的杀猪菜，其实

杀猪菜

杀猪菜

是个大杂烩。鲜有炭火盆的，多是直接用液化气罐或者电磁炉；酸菜的刀功差劲，粗细不均，且酸得有些夸张；锅底还放了干虾和青蟹；至于肉跟血肠是不是靠谱，心里就没底了。总之味道变了。

相比之下，我还是更喜欢北面那种杀猪菜的吃法：炖着吃。我经常想象着这样一幅图景：找个下雪天，约上三五好友围坐小火盆，烫一壶自酿的小烧，炖一锅纯正的杀猪菜，推杯换盏，吆五喝六——这该是何等惬意而温馨的享受哇！

好吃莫过杀猪菜。家乡的杀猪菜，能吃出浓浓的乡情与年味儿呢。

没有什么事
是一顿烧烤解决不了的
——锦州烧烤

◎ 张翠

　　提起味道，我的心里就很神奇地温柔。我一直认为食物的味道和岁月及故乡相伴，这种穿越时空的纠缠扭结，幻化为人们的腹中灵魂，上承祖先，下传后辈，生生不息。有一天看到一饕餮客写道："假如上天眷顾某地，便会赐一种食物降临于此，成为此城子民的守护图腾。"深以为然，觉得锦州烧烤便是上天所赐，锦州的味道是穿起来的情味、烤出来的春秋……

　　所谓"闻香识锦绣"，很多外地朋友都是奔着锦州的味道来的。同样是烤，别的地方就烤不出锦州这个味儿这个劲儿。烟绕千家，香勾七魄，锦州烧烤的那种香，是"客来如解撸串去，何但令人尘梦醒"，是"桌桌串串留不住，轻舟已过万重山"，是"给我烧烤一串香，天涯海角一生随"。这种独特劲爽的味道，来源于新鲜的食材和独到的烧烤工艺。烤羊肉串妥妥是烧烤界的扛把子，羊肉选自锦州本地的羊，据说它是最早被引进锦州一带的绵羊，尤其是育龄两岁的羊，肉质极其细腻，肥瘦相间。肉无须腌制，不刷油、不刷酱，直接烤出纯朴的味道和具有个性的串记忆。当羊肉串烤熟一面之后要撒调料，锦州烧烤有四大调料：辣椒面、孜然、盐、白面儿。白面儿听起来有点吓人，有白粉儿之嫌，其实是由胡椒粉、鸡粉、中

烤串

草药粉研磨秘制而成。火用的是木炭火，炭的温度不能过高，也不能过低，精准的火候、熟稔的手法是色香味俱全的羊肉串的灵魂。当看不见生肉的时候，羊肉小串就熟了，瘦肉缩成一团，肥肉烤成油梭，肉上滋滋氤氲着油气，热羊油混合辣椒面带来的香味，恐怕没有人能够抵挡。赶紧趁热撸起来吧，香艳入口，软嫩多汁，一口肉串，一口啤酒，真是顶级绝配、人间至味。如果将烤好的羊肉小串蘸上少许蒜蓉辣酱，会对薄薄的膻气有所冲淡，我个人感觉口感更佳。

锦州南临渤海，处于北纬41度的锦州湾海水清冷，出产的海鲜肉质优越，贝类的碳酸钙外壳，盛着大海宏博的奥秘和日月星辰的光影精华，仿佛有无数个故事等待打开。蚬子、生蚝、扇贝、皮皮虾等是烧烤餐桌上的常见品类，贝类受热打开后浓郁的汤汁渗出，刚下渔船的新鲜气息、咸鲜的风韵、柔韧的口感，让人不禁慨叹：此味只应天上有，人间却得时时闻哪。生在一个面朝大海吃烧烤的城市，真是格外有口福了。

锦州烧烤极具创新意识，这种创造力也许来自走廊文化的开放基因，也许来自20世纪老工业城市下岗工人无奈创业的自我救赎。什么大宝剑（猪脾脏）、牛骨髓、猪的牙龈肉、冰溜子，各种蔬菜、水果、大蒜、大枣……真正做到了烧烤一切，绝对可以满足外地游客的猎奇心理。由于锦州干豆腐本身就是闻名遐迩的食材，它也自然被收纳进入锦州烧烤体系，或卷起葱丝香肠，或卷起五花肉金针菇，淡雅的豆香混合着肉香、菜香，让人着迷，成为素菜中的"王炸"。锦州人在盘点如此充裕的食材保障时，脸上难免带着些王者气概地说"宇宙的尽头是铁岭，烧烤的天堂在锦州"，还说，没有什么烦恼是一顿锦州烧烤解决不了的。瞅瞅，这说的该有多自负，又多治愈！

杜甫有诗云："青青竹笋迎船出，日日江鱼入馔来。"锦州本地人虽说不是餐桌上日日有烧烤，但也季季少不了。一年四季可以吃出不同的气韵和意境。

春日桃花灼灼，杏影绰约，梨姿胜雪，冬日的寒冷已退去，和煦的春风催促人们快快走到户外，呼朋引伴，踏春郊游，当然车的后备厢里要装上烤炉、烤架，带上啤酒和穿好的肉串、海鲜串，还有各种各样的小丸子，去东湖边，去南山脚下，去草地上，在春的呼吸里惬意烧烤。绿水、青山、啼鸟、春雨、落花，时光流转和美好的生发都在闲散的烧烤中升华。

夏天是最盛大的撸串季节。海风潮热，阳光猛烈，盛夏将整个城市推向了海边。通常是在休息日的下午三四点钟，男女老少穿着休闲舒适的服装自驾出发了，除了自备烧烤食材和全套烤具，还要带上夏天的标配食品西瓜、咸鸭蛋，洗好的西红柿和黄瓜。到了海边，支上帐篷，吹着海风，大人们一边闲聊一边翻烤，诱人的烟熏味道和腥咸的海味儿裹在一起，这味道别致得像生出了隐形翅膀，撩拨进人的身体。孩子们下海玩水嬉戏，玩累了就跑上岸撸串，大快朵颐后，蹲在沙滩上堆沙堡、抓小寄居蟹。人间的烟火与无垠的大海结合起来，让人感觉到日子充满了张力，既被形而下的生活之水包围着，又陷入形而上的灵光跃动。当夜幕缓缓降临，海边烧烤闪现的点点火光和海上渔火、天上星火遥相呼应，清凉的海风吹来了思念的回音，令人淡淡愉悦亦淡淡伤感。

对于吃货来说，到了秋日，有一样东西是必须要吃的，那就是羊肉。而锦州烧烤中关于羊肉的吃法令人眼花缭乱，烤羊腿、羊排、羊骨头、羊腰子、羊尾巴、羊筋、羊眼睛、羊拐脖，真是没有啥部位不能烤。经典的烤羊肉串在这些花式烤品前便显得有些平庸。李时珍在《本草纲目》中说："羊肉能暖中补虚，补中益气，开胃健

羊肉串

身……"秋日吃烤羊肉，确可滋补身体，增强抗病能力。

而冬天，煮茶温酒是风雅，围炉烧烤是温暖。我觉得和寒冬最配的意象是雪、梅花和围炉烧烤。寒夜漫漫，如约上三五好友围炉而坐，小火熠熠，慢烤也漫烤，闲话家常，窗外有月，有雪，更有梅花。身至如此风雅脱俗的意境里，又怎会觉得夜光漫长呢?

青春岁月已老，我们，还在烧烤。作为一个土生土长的锦州人，我们在和烧烤的相伴中得以成长成熟。烧烤，是我们挥之不去的乡愁，是我们从未走出的烟火锦绣。当一个锦州人告诉你他是"吃烧烤长大的"，这绝不是一种修辞形态，而是一种生活哲学。肉串与炭火的味道，早已熏染沉浸至城市肌骨的最深处。一炉炉热炭、一家家烧烤店、一打打啤酒、一夜夜欢聊畅饮的背后，有老工业基地的辉煌与沉寂，有山海荟萃的琳琅物产，有文化冲撞融合的历史回响，有一座古老城市鲜活的时代脉动。

香飘东北亚

——西塔烤肉

◎张永杰

    沈阳西塔，即沈阳市西塔街及周边一带地区，因早年间作为朝鲜族的聚居地，形成了富有朝鲜族特色的地域饮食文化。在西塔的诸多美食中，最受欢迎的是西塔烤肉，西塔烤肉以优质的食材、独特的吃法、丰富的搭配和热情周到的服务等特色著称，一直是沈阳美食打卡地。

    西塔烤肉崇尚传统的肉类烧烤方法，多为泥炉炭火烤制，这种烤制方式能够使烤肉均匀受热，保持肉质的鲜嫩和口感，以原始的火源带来更为纯粹的味道。还有一种特色的烧烤方法是以玉米作为燃料来烧烤，味道独特，同样具有鲜明的朝鲜族特色。

    西塔烤肉之所以在风味上独树一帜，很大程度上源于其所用原料的考究。由于西塔与朝鲜族的渊源，对于肉质的把握也颇具朝鲜族的特点。西塔烤肉选用的肉类多以牛肉为主，主要包括牛排肉、牛肋条、牛上脑等上好部位的牛肉，猪肉则主要为梅花肉、五花肉等，喜欢瘦肉可选梅花肉，肉味较为醇厚，五花肉则是肥瘦相间，肥嫩鲜香，吃起来特别美味。西塔烤肉在形状上也与其他地区烤肉不同，西塔的烤肉多为厚切的大块肉，烤到半熟时用剪刀剪成小块后放在箅子上烤熟，每一款烤肉都独具特色，口感鲜美，让人回味无穷。

烤肉

烤肉

西塔烤肉的瘦肉肉体厚实，烤熟后口感细嫩，五花肉则肥瘦相间，烤熟后香气扑鼻。肉类在烤之前都经过朝鲜族的秘制酱料腌制，在烤熟后更为入味。由于肉体厚实，烤好的肉都非常细嫩，还保留有丰富汁水，搭配上蘸料，味道超香。西塔烤肉搭配的蘸料也非常有特色，种类包括麻酱蘸料和干调蘸料等，为烤肉增添独特的口感和风味。优质的牛肉还可以做成朝鲜族特有的生拌牛肉，生拌牛肉需要新鲜的上等牛肉，将生牛肉切成较细的肉丝，吃的时候用生鸡蛋和切好的梨条拌匀，入口非常鲜嫩顺滑，梨条则充分地化解了牛肉的膻味，进一步提升了味道与口感。

正宗的西塔烤肉不能缺少苏子叶，苏子叶是一种略带苦味的植物叶子，形状圆而阔，苏子叶的苦味恰到好处地综合了烤肉的油脂，与肥嫩的烤肉形成完美的搭配。如果不习惯苏子叶的苦味，也可以选择用生菜替代，但是苏子叶还是最为传统正宗的烤肉搭档。苏子叶的正确打开方式是：肉烤熟后，取一片苏子叶，将肉放在叶子上，再加入芥末、葱花、蒜片、辣椒和酱料等，然后将苏子叶卷起包好，一起放入口中来吃，就可以感受到烤肉的肥而不腻，而荤素平衡的感觉更能让人胃口大开。

西塔烤肉还以热情周到的服务著称，如果担心掌握不好烤肉的火候，全程会有服务人员来帮助翻烤，并根据烤熟的程度让客人品尝，完全不用担心因为火候不当而让美味流失。

除烤肉外，烤鳗鱼是西塔的著名特色。虽然近年来韩式烤肉风靡东北，但烤鳗鱼始终是西塔烤肉的招牌特色。西塔鳗鱼原料新鲜，鳗鱼都是烤前活切，切好的一整盘鳗鱼端上来，因为鳗鱼的神经还未完全失灵，肉还会继续动，有一丝原始的残忍，建议品尝前做好心理准备，但是这种新鲜的鱼肉烤熟后非常鲜嫩，鳗鱼体内油脂丰富，放在篦子上可见油脂不断滴到炭火上，成为一道独特景观。

烤肉

类似的还有拌八爪鱼，八爪鱼学名章鱼，是西塔的季节性供应食材，将活章鱼处理后切成小块，用芥末与葱花等调料拌匀，由于章鱼的神经更为强大，以至于章鱼死后的触手不但在盘中蠕动，吃到嘴里后，上面的吸盘还会吸住舌头。由于过程较为刺激，同样建议品尝前做好心理预期。

与西塔烤肉搭配的主食同样广受欢迎。传统的朝鲜族拌饭，在米饭上面覆盖了溏心蛋、海苔碎、木鱼花等食材，搭配上酱汁充分搅拌，香气四溢。而在寒冷的冬季，除传统拌饭和冷面外，朝鲜族餐饮的重要标准——"烫嘴"颇受东北人民的喜爱。在北方寒冷的冬季，一道正宗的石锅拌饭必不可少，在滚烫的石锅中，米饭、肉、豆芽、蔬菜等汇聚在一起，五颜六色，营养丰富，正宗的石锅拌饭可选用生鸡蛋，与米饭和配菜拌在一起，利用石锅的热度直接烧熟，让拌饭中包含着充足的热气和鸡蛋的鲜香。

西塔的特色汤饭同样令人欲罢不能，一小锅美味滚烫的肉汤或者素汤，配上一碗热腾腾的米饭，堪称冬季里抚慰人心的快乐。汤饭的种类很多，大酱汤是朝鲜族美食中的招牌，深受东北人喜爱，此外还有参鸡汤、牛肉辣汤、海鲜汤、明太鱼汤、豆芽汤、豆腐汤等多种特色口味可以选择。如果是多人聚餐，还可以将汤做成火锅的形式，汤内可以加入各种蔬菜、肉类、火腿罐头以及拉面等，放在一起加热煮熟，做成朝鲜族特色的"部队火锅"，全方位满足不同的味蕾需求。

此外，种类丰富的小菜和饮品也是朝鲜族饮食的特色。有一个简单的标准验证是否是正宗的朝鲜族菜肴，就是看在吃饭时餐桌上有没有很多装有各种小菜的小碟子。经常与西塔烤肉搭配的小菜包括辣白菜、拌豆芽、拌花菜以及拌各式海鲜等，吃起来都非常爽口解腻。而在畅享西塔烤肉时，韩国的特色果汁、凯狮啤酒、真露烧

韩式烤肉

炭火烤肉

酒以及朝鲜族传统米酒等，都能够作为佐餐饮品，与西塔烤肉形成完美的搭配。

　　总之，沈阳西塔的烤肉不容错过。无论是和家人共度美好时光还是和朋友欢聚，西塔烤肉都是一个极佳的选择。

本溪当地的招牌美食

——小市羊汤

◎张永杰

　　本溪小市羊汤是本溪当地的一道特色美食，其口感鲜美，营养丰富，深受当地人和四方游客的喜爱。近年来，在辽宁地区，选一个周末，到本溪城郊观山景、泡温泉、喝羊汤已经成为一种新的时尚休闲体验。

　　溪上清风游子梦，山间明月故乡情。无论一年哪一季，一碗热腾腾的羊汤总是饱含着山城本溪的好客与深情。本溪羊汤不仅是一道冬夏皆宜的美味，更包含着大自然对于本溪的馈赠与本溪人民的浓浓热情。

　　本溪是座山城，四面环山，风景秀丽，物产丰富。早年间，本溪因为周边山脉生产优质煤和铁被誉为"煤铁之城"，在东北传统老工业基地中占有重要地位，本溪钢铁厂至今在国内外都享有盛名。21世纪以来，传统重工业逐渐转型，本溪因为独特的地理优势，成功转型为著名旅游城市。桓仁的五女山，本溪县（小市）的关门山、铁刹山、老边沟、绿石谷等都成为著名的风景名胜区。秋季是前往本溪旅游的旺季，每逢秋季，本溪山区的漫山红叶吸引着无数露营与摄影爱好者，层林尽染的红叶，清澈见底的山泉，洗去了城市中生活的疲惫，让人们在大自然的本真中流连忘返。

　　无论何时来本溪游玩，一碗滚热鲜香的羊汤都是必不可少的。

小市羊汤

本溪小市羊汤之所以远近闻名，其特色在于独特的原料、熬制方法、调味方式和丰富的配菜，这些特色也使得小市羊汤成为本溪当地的招牌美食。

好喝的羊汤离不开好的羊肉。本溪特有的山地环境适宜饲养山羊，本溪小市羊汤的羊肉食材即是选用当地特产的绒山羊作为主料，这种羊肉肉质鲜嫩，肥而不腻，口感独特，从皮到骨都透露着本溪山区的水草丰美。羊汤春秋冬夏四季皆宜，羊肉性质温补，寒冷时，滚热的羊汤滋润身心，让人暖意倍增，酷热时，一碗热羊汤下肚，清热发汗，暑气顿消。

本溪小市羊汤的熬制方法也颇有特色。小市羊汤采用传统的熬制方法：将羊肉和羊骨放入大铁锅中，用柴火加热，在土灶炖煮数小时，使得汤头厚实，肉质软烂，最后放入羊杂等。羊汤的肉、骨、内脏等主要原料，经过长时间的熬煮，味道与汤融为一体，肉质鲜嫩，汤汁浓郁。小市羊汤的调味方式也非常独特，在熬煮过程中，羊汤中会加入各种调料和香料，如生姜、大葱、花椒等，使得羊汤的味道更加鲜美丰富。在品尝羊汤时，则可以先品尝原汁原味的羊汤，感受其浓郁的肉香，然后再加入调料和配菜，如葱花、香菜、辣椒等，根据自己的口味进行搭配调整，调料可以中合羊汤中的膻味，使羊汤的鲜香得到更清晰的提炼。

本是万物之根，溪乃四海之源。除了羊肉本身的肥美，本溪小市羊汤常被人们忽视的一点是本溪地区独有的纯净优质的水源。本溪四面环山，山地地貌不仅孕育了种类丰富多样的植被，更涵养着优质的溪水和山泉。本溪的菌类、干果、水果等一直深受人们欢迎，而优质的水源也成为植被繁茂和动物栖息的重要根本。本溪山区的水源还非常适宜鱼类、蛙类等动物的繁殖生长，鳟鱼、林蛙等都是本溪当地的特产美食。而本溪小市羊汤之所以远近闻名，与当地的优质水源赋予的纯净口感密不可分，肥嫩的羊肉配上纯净的山泉，从每一口羊汤中都能感受到大自然的恩赐与纯真。

传统的本溪小市羊汤还可以用羊的内脏作为主要原料，羊内脏在本地俗称"羊下货"，是小市羊汤中必不可少的"秘方"。传统羊汤以内脏作为原料，一是由于过去经济条件有限，羊汤这种大众饮食无法完全靠羊肉来实现，二是羊肚、羊肠、羊肝等内脏经过煮沸后，依然能够保存独特的鲜香味道，即使无法吃到羊肉，仍然可以获得味蕾的满足。

享用羊汤时，如逢多人聚餐，羊汤还可以搭配多种不同的配菜。本溪小市羊汤的配菜非常丰富，羊汤可以搭配羊肉串、羊肉火锅等，有多种不同的吃法可以满足不同的口味需求。如果想追求羊肉的原香，还可以选手把羊肉，即清水煮熟的带骨羊肉，蘸上酱油、蒜末、辣椒等调料，口感更为鲜香细嫩。

作为一座传统工业城市，羊汤的盛行也与本溪浓厚的工业传统和习俗有关。在本溪市内钢铁厂的周围，有很多羊汤馆子。工人们经过一天的劳作之后，来一碗热腾腾的羊汤消除一天的疲劳，非常抚慰人心。本溪当地人喜欢羊汤搭配主食，羊汤搭配花卷是传统的吃法，能够快速补充碳水化合物。现在很多羊汤馆中的搭配方式更多，如搭配馅饼、包子等，吃法更为多样。

欧阳修《醉翁亭记》中的"溪深而鱼肥""泉香而酒洌"非常贴合本溪美食的特点。到本溪品尝羊汤，同样不能错过本溪的龙山泉啤酒。近年来，本溪龙山泉啤酒已成为辽宁省内啤酒供应的重要来源。龙山泉啤酒的独特优势同样在于其优质纯净的水源。龙山泉啤酒选用本溪郊外卧龙山的山泉酿造而成，酒体呈现为美丽的金色，口感清爽，是品尝各类本溪美食的必备搭配。本溪当地的龙山泉啤酒种类很多，除了在省内流行的干啤和淡爽之外，在当地广受欢迎

小市羊汤

的还有普龙、精龙、纯生等，近年来向精酿啤酒领域靠拢的白啤、黑啤、精酿龙山泉等也广受好评。此外，本溪的特色饮料山里红汁也是本溪当地常备的佐餐饮品，山里红是一种本溪特产的小山楂，山里红汁绵密爽口，能有效解除食物中的油腻，是一款健康养生的饮品。

还是那个味儿

——沈阳老四季

◎李轻松

"纵有花间一壶酒，好吃不过一碗面。"说起吃面，对于沈阳人来说，"老四季"是绕不开的选择。一碗鸡汤面再配上香浓的鸡架，就是沈阳人熟悉的味道。

沈阳的面，多得数不胜数。街头巷尾胡同里的四季面条、三姐手擀面、小两口手擀面、老钟家麻辣面、许家抻面、老四季鸡汤抻面、民宜家、人人鸡架抻面、老王四季抻面、谭姐手擀面、擀面娃鸡汤抻面和家常打卤手擀面等都是本地人喜食的，还有逸良面馆、沪上阳春面、焖肉面、巴蜀的麻辣面、青海的牛肉拉面、臊子面，简直是令人眼花缭乱。但沈阳人对家乡的味道——老四季却情有独钟，它那纯而浓的汤、粗与细的面、白而透亮的眼缘，都那么合我们的胃口。单单是老四季的灵魂鸡

沈阳老四季抻面馆

鸡汤面

架，再搭配正宗的涪陵榨菜，直让吃面的人吃到真魂出窍，不知身在何处。

沈阳老四季抻面馆开业于1988年7月，主要经营鸡架和抻面。抻面有一细、二细、龙须、三角、四棱、韭叶、中条、宽条、皮带等九种各异的形态，面香汤浓味鲜，真可谓"冬暖夏凉兰香面，春华秋实神州汤"。

能让干戈化为玉帛，能让沈阳街头那饥肠辘辘的灵魂不再徘徊，能让吃面喝汤的人禁不住回忆起过往，唯有老四季。所以沈阳人对于老四季抻面的喜欢，已经无以复加。老四季一般遵从极简原则，朴实无华，就像家一样，是草根饮食文化的代表。坐在里面的可能是邻家的大叔，也可能是写字间的白领，大叔们开始海阔天空时，小姐姐也不觉得掉价丢份。用东北作家郑执的话说，那是沈阳人的肯德基，是沈阳人的"深夜食堂"，沈阳不能失去老四季。

"一碗面、一个鸡架、一瓶老雪"，这是地道的沈阳人点餐的标配。先说说面，鸡汤熬到了奶白，面条是你亲眼看着老师傅现场抻出来的。纯手工的、带着温度的、有人情味的面条，口感就是不一样。当它们从师傅的手里纷纷落入锅中，浸在浓浓的鸡汤里面，每一根面条都被鲜香浸润。最后在上面撒上细碎的香菜和榨菜，齐活儿了！你可放开了吃，也可以细嚼慢咽，总之，一碗老四季会三百六十度无死角地满足你的味蕾，难怪被幽默的沈阳人称为"心灵鸡汤"。

再说说鸡架，有人说没有一只鸡能活着走出沈阳，也许并不是夸张。沈阳人把鸡架作为灵魂小吃，虽然有着历史无奈的选择，但与老四季却擦出了火花，它能火出圈也并不意外。比起鸡翅、鸡腿，鸡架是瘦了点，但鸡架里饱含着人生哲理。几个粗枝大叶的老爷们儿围坐在一起，谈着人生的故事时，就像在鸡架里面找到一丝游离

沈阳老四季明星菜品

的肉时，那么感慨、那么珍惜……老四季的鸡架属于㸆鸡架，㸆的鸡架更入味，尽量保留了原汁原味，再以高汤煨熟，一出锅鼻子里就会飘满浓郁的香味，还可以根据自己的口味拌上辣椒和香菜。

最后说说老雪，又叫"大绿棒"或者"闷倒驴"。提起啤酒，沈阳人首选就是老雪，仿佛男人不喝老雪就不够味儿，就有些怂有点娘们儿似的。所以，吃面又啃鸡架，怎么能不纵情而欢呢？而老雪便包含着人生的况味，有劲儿，要男人来扛，喝着喝着，便在高谈阔论中眼里有了泪花。

如果你来沈阳，对方没带你去那些高大上的有排面的饭店，而是领着你去了一个皱巴巴的小面馆或街边摊儿，是，看着不太入眼，心里还有些许的别扭。但你千万不要觉得他不够意思，相反，这说明他绝对是对你掏心掏肺了。他把压箱底的东西拿给你了，也许有些破旧，却是实打实的真材实料，实打实地把你不当外人了。因为一碗老四季代表的就是最亲的情、最近的心。一面、一架、一老雪，总共也才十多元，经济又实惠，亲民又亲胃，就是那个味儿。

相信远在异乡的沈阳人，回沈阳的第一件事就是奔向老四季抻面馆，吃上一碗热气腾腾的抻面，再啃个鸡架，喝上一瓶老雪，和不认识的隔壁桌也能唠得热热乎乎，直到酒酣耳热、看谁都那么顺眼，才心满意足，晃悠着回家去。老四季抻面对于沈阳人来说，已经不只是一顿饭了，而是乡愁一般的存在。有位沈阳人总结得很精辟，他说沈阳的老四季，其精髓并不在于那五元一碗的面，也不在于油腻腻的鸡架和湿漉漉的桌子以及随处可见的啤酒瓶子。老四季神奇到可以让各个阶层的人都在一家馆子里吃饭。其代表精神，在于闹哄哄的面馆气氛，在于中午就会集了开奔驰宝马大哥或开出租的的哥的各色车辆，在于光膀子围坐在一起喧哗聊天的中年老爷们儿的老雪瓶子，在于老头老太太携带孙儿安静啃鸡架吃面条，在于

鸡架、鸡脖

鸡肚

公司白领姑娘们所点的榨菜白醋香菜拼盘，在于收费打面窗口大姐永远干脆有力的询问配上从容淡定的面孔……总之，这热气腾腾的市井烟火气，会立刻让你忘掉这个北方城市的寒冷和生活的单调，让自己鲜活起来，恢复久违的活力。来老四季吃面，不仅能填饱你的肚子，还能找到专属于你自己的那份怦然心动。

说起老四季，就不得不提它的创始人张秉荣老人。她从一家国企退休开了一家面馆，1988年7月开张，自家临街的15平方米小平房，便是在热闹的十三纬路上的"四季抻面馆"，主要经营鸡架和抻面。自山东发源，到甘肃再到沈阳的抻面，找到了它最好的归宿。

经历了三十多年岁月的变迁，老四季一直在沈阳人的世界中。上学读书的人、出门工作的人，不论走到哪里，回来的第一件事就是约上三五旧友，去老四季吃顿面条和鸡架，去寻找逝去的味道。虽然外面的世界很精彩，美食也很丰富，但一起长大的小伙伴们，心里常常惦记的还是鸡架、香菜根儿，嘴里念叨的还是榨菜、老雪，因为这些熟悉的滋味是融进岁月深处的，并在那里扎下根，渐渐地成为离不开的亲人或者老友。尽管随着岁月的变迁，我们也许品尝不出曾经的味道，但那一口面里留下的，也是岁月过往中带给我们的深情和忧伤。

时光在轻轻流逝，但那口熟悉的风味，已经深入沈阳人的血液与骨髓里，那便是沈阳人的烟火人间。

中国第一大屯的排面

——苏家屯大冷面

◎ 万胜

　　那小小的一碗冷面其实跟大鱼大肉比起来算不上香，营养也算不得多，但是这小小的一碗冷面却就是比山珍海味还能吊人的胃口，就是能让人走遍大街小巷也要寻一碗来痛痛快快地吃上。

　　大约二十多年前，在沈阳吃冷面是分斤分两的。每天的中午饭无一例外是到学校附近的一家冷面店吃上一碗冷面。小碗的三两，大碗的半斤。中学大男孩正是长身体的时候，能吃，通常都要半斤装的一大碗，碰上上午有体育课，体能消耗大，便买两碗三两的。一次，我捏着两个三两的铝牌到付货口等面，付面员推出一碗半斤的面，叫端走先吃，一会儿再补上。结果我刚吃到一半时，付货员像拎着一条鱼一样捏着一绺子冷面出来，放到我的碗里，算是把我的六两面补齐了。

　　在沈阳，对冷面的深刻记忆大概每个人都有。西塔、白鹤、三千里……沈阳的冷面店多得数不过来，对沈阳众多的冷面店的品评也都有自己的主见。但不了解沈阳的外地人对冷面却是颇难理解和认同的，尤其是关内的朋友。每次外地朋友到沈阳来，我都会请他吃一碗冷面，而且还是我最爱吃的冰碴子冷面。尤其是在冬天，零下十几二十度，端着冰凉的大铁碗，咕嘟嘟一大口带冰碴子的冷面汤下肚，说不出地痛快，外地朋友则拔得牙花子生疼，啧啧称奇。

肉酱冷面

肉酱冷面

老黄牛冷面店

你们东北人什么情况，大冷天吃冰碴子面？他们不理解我们东北人对冷面的感情。

还是二十多年前，我跟随姥爷去山东住了三个月，什么都不想吃，只想吃冷面。姥爷带着我走遍了乡镇的大街小巷，能够找到的最冷的面只是当地的过水凉面。在当地人的心中，这过了几遍凉水的面已经够冷的了。我姥爷告诉他们说，东北的冷面是带冰碴子的，他们听得大热天里起冷疙瘩。

我个人觉得冷面是有药用价值的，比如，炎热似火的夏季，来一碗酸甜冰爽的冷面，绝对能够起到防暑降温的效果。再有，食欲不振的时候，一碗清凉鲜香的冷面，绝对能够把胃口吊起来。记得我小时候，每次感冒发烧，第一想吃的都是冷面，一入口，病祛除一半。另外，冷面还有去火的功效。我们常说，这两天心火大，来碗冷面去去火。

如今，冷面这种朝鲜族的特色小吃，已经在原来的基础上衍生出很多种口味，适合各种人群。汤汁有酸甜口的，也有咸口的；温度也出现了冷、温、热三种；配菜上更是多种多样，有鸡蛋、咸萝卜、辣白菜、牛肉片、黄瓜丝、鸡蛋丝，甚至各种水果。在苏家屯，拌冷面的辣椒酱堪称一绝，那是一种用肉末和红辣椒面熬出来的肉酱，冷面的酸爽和肉酱的香辣搅和在一起，保证让你吃得碗底光光。不管男女老少，吃完面，一抬脸，嘴被油上红通通的一圈，说不出地满足。像老友谊、现代、老黄牛、韩麦用的都是这种肉辣酱。

再如今，你在沈阳的街头经常可以看到挂着大冷面牌子的小冷面店。如果非要跟什么东西挂上点钩的话，那就是我们东北人的性格吧！简单直白，像清冽干净的冷面汤，碗里该有什么就有什么，不掖不藏；韧劲十足，像劲道的面条，做事既不拖泥带水，也不轻易妥协；热情奔放，是那香辣够劲儿的辣椒酱，不但热嘴，而且暖心；至于那多种多样的配菜小料，则是相处之中的意外惊喜。朋友，让你说，谁会不愿意跟这样的人交朋友呢?

粗粮细作的创新

——丹东叉子

◎刘金恩

到中国最大的边境城市丹东，看断桥，登锦山，观赏江海美景，不失为一得；但不吃一盘（碗）香喷喷的丹东特产——叉子，也是一大憾事。叉子用玉米面做成，也可以叫玉米面条，富含膳食纤维，不但好吃，还有益于人体健康。在吃腻了小麦面条的当今，粗粮叉子也许更受食客青睐。

叉子不是丹东人饕餮的象征，而是丹东人粗粮细作的创新之举，并开该项美食之先河。我今年八十四岁，小时候我们吃的叉子都是手工制作，每年秋粮入仓后，母亲就亲手做叉子。没注意叉子面从哪儿弄来的，只看见母亲用手将面往带眼的叉子板上搓，一指来长的叉子条就漏到热锅里。煮熟了装一盘（碗），加点豆酱拌一拌，母亲端给我吃，哎呀，真香，一直香到脚后跟。

邻屯有个叉子铺，我们经常去玩，他们这样制作叉子：先将上好的玉米粒装在一口大缸里加水淹没，放在日光下浸泡、发酵。约一天左右，把发酵好的玉米粒捞出来，上石磨碾成细面，再装回大缸里。接着用长长的木棒，不停地搅动均匀后，盖上缸盖，沉淀几天。然后打开缸盖，把面子上面薄薄一层浮水撇出去，将黄色细面一层一层挖出来。剩下黄面底部那一层白色的细面叫淀粉，用刀子割成块装进笸箩里，放在阳光下晾晒，就是我们常吃的玉米淀粉。

丹东叉子

玉米淀粉用处广泛，农家妇女用其浆被褥床单和衣服，沾灰轻，脏了以后好洗；炒菜、打汤等也离不开淀粉；淀粉还可以做透明的凉粉，刮成条状，装盘加葱、蒜末、红椒丝和少许酱油、味素等，吃一口，真爽！

把挖出来的叉子面一坨一坨，装进底带筛子眼的木槽里，架到大铁锅上。利用杠杆作用，不停地打、挤、压，约有筷子粗细、长长的叉子条，就齐刷刷地从筛子眼漏出来。制作者举着竹子刀，手起刀落，仅在槽底横扫一下，叉子条就全部"身败名裂"，直接掉进沸水中。煮熟后捞出来，米香扑鼻，金黄色的叉子柔柔地闪着亮光。最后分割装袋，送到酒楼、饭店或专营叉子的小馆销售。

叉子的吃法多种多样，有汤叉子、炒叉子。食客可以根据自己的喜好，任选其一。

汤叉子重在汤，可以用肉类汤，也可以用海鲜汤。汤料决定叉子的多种鲜香味道。而海鲜汤叉子的汤，离不开原汁原味的煮海鲜的汤。把煮海鲜的汤沉淀干净，倒入爆香的锅内，煮沸后再将叉子倒入锅里，出锅前把海鲜肉入锅微热，盛碗登桌。

炒叉子又称扒拉叉子。扒拉叉子又分鲜肉和海鲜两种。鲜猪肉炒叉子：将肉切成条，葱、姜、胡椒粉等调料爆香，翻炒渐熟，再将叉子（熟的）入锅，大火翻炒几下，香气扑鼻出锅装盘（碗），撒上香菜末，陪一碗清汤登桌。鲜肉炒叉子也可以用牛肉、羊肉、鸡肉等为食材。

海鲜炒叉子，用猪大油加葱、姜等调料爆香，后将开水焯软的叉子倒进锅里翻炒，接着把事先备好的海鲜肉也倒入锅中，再翻炒几下，干黄、软糯的叉子就出锅、装盘、登桌，配一碗撒上香菜末的清汤。于是，就有了虾肉叉子、小人蚬叉子、蛏子叉子、杂色蛤叉子、黄蚬子叉子、白蚬子叉子、海蛎子叉子等。

丹东叉子

丹东叉子

制作叉子讲究火候，吃叉子也讲究火候。不论汤叉子还是炒叉子，厨师从锅或马勺盛到碗或盘子里，上面撒上香菜和葱末，传菜员端到餐桌上道一句趁热吃，佳肴挥发出的香鲜气，就会唤醒嗅觉，口水顿时便会涌上舌尖。趁热吃就是吃火候，因为柔滑、筋道、爽口，又热又烫，便吃得气喘吁吁，一碗或一碟没吃光，汗水就冒了出来。尤其杂色蛤叉子，最鲜最香，鲜、软、香、滑，胃口大开，一口一口吹着冷气往嘴里扒，不肯放筷子，横扫一碗或一碟，肚子饱了眼不饱，一举筷头：再来一碗（碟）。

　　叉子本来是家常小吃，由于众多食客喜爱，近些年堂而皇之地登上了大雅之堂，在丹东市内和所辖的区、市、县的高档酒楼、饭店、小吃部和居民家，都能吃到叉子。但是，科技进步，机械化叉子已经替代了手工叉子，要品尝真正的手工叉子，麻烦热心的食客到偏僻的乡间走走！

一豆一世界

——凌源赵家豆腐脑

◎秦朝晖

  迟迟不敢动笔，竟是因这寻常的小吃——豆腐脑。作为一个在辽西乡间长大的农家子弟，关于大豆腐、干豆腐、豆腐脑的记忆，实在是太多太多，乃至杂乱无章，千头万绪。我想在纷杂中理出一条关于豆腐脑的线索，思前想后，又冒出了一句——"剪不断，理还乱"，"别是一番滋味在心头"。

  闭目追忆，第一次吃豆腐脑是20世纪70年代初的事，那一年，我八九岁的年纪，为了过上一个"丰盛"的年，父亲和母亲经过反复商量，决定在小年儿过后，做一板大豆腐，经过排队，我家排上了在生产队的豆腐坊可以做豆腐的"号"，时间是天亮前，需要把泡好的一桶黄豆拿到豆腐坊。石磨上磨豆子、接生豆浆，磨完豆子，生豆浆倒入一口加热的大锅，豆浆熬沸后，过豆浆布，将纯豆浆和豆腐渣分开，提纯的乳白色豆浆入缸后，点卤水是关键的一环，豆腐的质量在于卤水的适度。在压豆腐之前，父亲将早已准备好的瓦盆拿出来，让豆腐匠舀入盆中。我小心翼翼地把这盆"嫩豆腐"端回了家中，在与哥哥、妹妹一同"狼吞虎咽"中，我的舌尖上留下了关于豆腐脑最初、最美好的记忆。

  1980年，十六岁的我考入了朝阳市的凌源师范学校，一个乡村少年因学业而闯进了凌河之源的小县城。凌源虽小，却是汉族、蒙

豆腐脑

凌源名吃

百年老店

赵家豆腐脑门店

豆腐脑

古族、回族、满族等多民族杂居的"丰富"之城。这里有辽代墓群，石羊石虎见证着它的沧桑；这里有建于金代的天盛号石拱桥，它有着"关外第一桥"的美誉；这里有乾隆皇帝亲笔御批的藏传佛教圣寺万祥寺；这里有建于乾隆三十七年的辽西第一书院——秀塔书院……

凌源三年读书期间，因受语文老师王太吉、张玉书的影响，我和我的许多同学除了想成为一名优秀老师之外，还爱上了文学写作，爱上了写诗，我的"作家梦"，源于凌师、启蒙于凌源。那时，每逢周末，结伴三五同学，从市郊的学校出发，走过大凌河桥，进入市区，看电影，逛书店，走街串巷。记得是一个周日的上午，在小城的一处闹市区，一位眼尖的同学在临街的门市中，发现了我们早有耳闻的"赵家豆腐脑"。经商议，几个同学决定一同"下一次馆子"，改善一下学校里单调的伙食。入屋，见十几条长凳，七八条长桌，屋内的食客已过半。我们几个同学围桌而坐，很快，一盘油条和几大碗豆腐脑，摆上了桌面。白嫩如玉的豆腐脑，松蘑根卤子，韭菜花、蒜泥汁、辣椒面等调料，左右手的羹匙和筷子，同学们互相对了一下眼神后，便各自"开造"。匙筷互动，窸窸窣窣，风卷残云，几分钟的时间，碗空盘光。不再饥肠辘辘的我们，相视而笑。那时，年轻的我们，并不知"民以食为天"的"吃饭哲学"，但对于"幸福其实很简单"，却有着实实在在的体味。凌源、赵家豆腐脑、同学，这简单的称谓，于我而言，是过程与经历，是回味与珍惜。

日推月移，时光如箭。年岁增长的我，积淀了一些与凌源赵家豆腐脑有关的"消息"。赵家的祖上是从山东闯关东而来，清末民初，赵氏先祖开始按传统工艺制作"赵家豆腐脑"。经过几代人的传承，总结，改进，赵家豆腐脑独具特色，声名远播，一首打油诗可以为之佐证："精选黄豆营养高，辅以泉水口感妙。片刀裁出三大片，盛在碗中似玉漂。鲜嫩爽滑入口化，松蘑根卤必须浇。赵家美食名小吃，口口相传领风骚。"赵家豆腐脑，如今已是非遗项目，辽宁省的十大知名小吃之一，已载入凌源县志。追根溯源，赵家豆腐脑的食材大豆，有着更遥远的前生。据孙机先生的《中国古代物质文化》一书中记载，大豆是我国的特产，原产地东北地区，黑龙江宁安大牡丹屯发现过四千年前的大豆。《管子》说齐桓公北伐山戎，得其"戎菽"，布之天下。菽指豆类，戎菽即大豆。《史记·天官书》索引韦昭曰："戎菽，大豆也。"一方水土养一方人，一道美食离不开这片土地孕育的"戎菽"。

如果把大豆比作"根"，那么豆腐就是大豆开出的"枝"，豆腐脑就是豆腐散出的"叶"。有关这"根、枝、叶"的回望，似在印证着中国人所总结的"无心插柳柳成荫"的偶然与必然。豆腐的发明者，历来就有探究。有此一说，略备一格。

豆腐之术始于淮南王刘安，刘安是汉高祖刘邦的孙子，曾建都于寿春（今安徽寿县）。刘安喜好招贤纳士，门下食客众多。为寻求长生不老之术，他们炼制丹药中，无意间发明了卤水点豆腐的这一味"丹药"，由于这味"丹药"美味可口，所以迅速传开，风行一时。朱熹有诗："种豆豆苗稀，力竭心已腐。早知淮南术，安坐获泉布。"据李时珍的《本草纲目》载："豆腐之法，始于汉淮南王刘安。"五代谢绰在《宋拾遗录》中说："豆腐之术，三代前后未闻。此物至汉淮王亦始传其术于世。"明代陈炜在《山椒戏笔》中说："豆腐始于淮南王刘安。"宋初陶谷所著《清异录》中记载："日市豆腐数个，邑人呼豆腐为小宰羊。"点点滴滴的"豆腐账"，在我看来，传递的不仅是"刘安豆腐考"，也是"一豆一世界"的源远流长。

一碗豆腐脑，连通古与今。于我而言，有关凌源赵家豆腐脑的

各种荣誉

只言片语，诉说的是"旧时王谢堂前燕，飞入寻常百姓家"的岁月沧桑，演绎的是"民以食为天"的朴素之道。天佑苍生，许多悲欢离合的年代，百姓的幸福是那样简单而卑微，简单而卑微成一碗"赵家豆腐脑"！

享誉华夏的中华名点

——牛庄馅饼

◎苏兰朵

提起鞍山的美食，最知名的恐怕要属牛庄馅饼了。吃牛庄馅饼，最好配着萝卜泡菜吃，外加一碗汤。萝卜泡菜咸味中稍带一点酸甜，脆脆的，非常爽口，可以解肉馅的油腻。再来一碗汤，羊汤、蔬菜汤均可。它是一片完美的绿叶，衬托馅饼这朵鲜美的大红花。这一餐下来，主次分明，意犹未尽。无论你有钱没钱，得到的是同等的美味享受。我其实不太赞成在一顿豪华酒宴的尾声，端上一盘正宗的牛庄馅饼做锦上添花的主食。因为牛庄馅饼在我看来就像一个美艳火辣的姑娘，天生就应该成为一场聚会的主角。

提到牛庄馅饼，就不能不先说说位于鞍山海城市的牛庄。在明代，牛庄是朝廷的一个驿站，名为"牛庄驿"。到了清代，凭借着靠海、沿河这一优越地理条件，牛庄镇逐渐成为南方与东北交易的商品贸易中转站，渐渐变得繁华热闹，商贾云集。据传清乾隆年间，牛庄已有较大的商号近三百家，商业规模相当了得。关内关外来往商人常登楼聚会，吃酒宴饮，使餐饮业得到了巨大发展。

关于牛庄馅饼的起源，大致有两种说法。一种认为牛庄馅饼起源于20世纪20年代初的牛庄回民刘海春，另一种说法是由牛庄人高富臣首创。据《牛庄镇志》记载，20世纪初，牛庄是繁华商埠，当时的集市上有各种各样的小吃，高富臣在集市上卖面食，生意红火，

馅饼

牛肉馅饼

后来开始卖馅饼。而刘海春的儿子刘庆丰则回忆，父亲当年从海城有名的回民"马家馆馅饼铺"出徒后，回牛庄在最繁华的街上卖馅饼，买刘家馅饼的人都得早起去排队。因为时间上比较接近，究竟谁是牛庄馅饼的开山鼻祖，现在已无法考证，但让牛庄馅饼真正形成地方特色并开始广为人知的，却无疑要属高晓山了。

高晓山十几岁时便和父亲高富臣学习馅饼手艺。新中国成立前，与人合伙经营"恩记饭庄"。公私合营后，高晓山被调到镇政府食堂工作。到了20世纪70年代，高晓山的馅饼手艺已经达到炉火纯青的地步。他大胆改良了原先做馅饼用的矾泡面，这一尝试在牛庄馅饼发展史上具有里程碑的意义。馅饼的皮变得薄如纸，烙制后，金黄焦脆，里面的馅则嫩而不腻，端到桌上能清晰地看到新鲜的葱花。当时有不少现场会在牛庄召开，会议代表和领导都点名要吃高晓山的馅饼。一传十，十传百，牛庄馅饼就这样在全国打响了知名度。

20世纪80年代，身怀绝技的高晓山去世后，三个曾经师从高晓山的徒弟佟向福、崔春清和赵洪财接过了高晓山的衣钵。这其中只有赵洪财师傅还一直留在海城。

从十九岁开始入门学徒做馅饼，赵洪财已经与牛庄馅饼不离不弃大半生的光阴。作为牛庄馅饼第三代传人，除了传承古老技艺以外，赵师傅还对馅饼的制作工艺进行了创新，如今的牛庄馅饼和面时加入鸡蛋，按四季温度选择不同水温，使烙出来的馅饼皮更脆、更薄。他还将单一馅料发展到现在的海三鲜、肉三鲜、地三鲜、净三鲜四大类五十多个品种，极大地满足了不同地域客人的口味。

1988年是赵洪财的高光时刻。他受邀带着弟子来到人民大会堂，为全国人大代表制作牛庄馅饼。和面、和馅、选料、佐料等各个环节，他都亲力亲为，半点都不含糊。与会有八百余名代表，赵师傅整整烙了八百多张馅饼，足足用了三个多小时。牛庄馅饼在餐

丰镇馅饼甲天下

西海财源泉宝地

赵

赵洪财馅饼店

桌上成了最受欢迎的主食之一，从此更是名声大噪。

后来，赵师傅多次受邀到人民大会堂及辽宁省内外各大宾馆烙制牛庄馅饼，品尝过赵师傅烙制的馅饼的客人，包括俄罗斯、美国、英国、法国、日本友人及港澳台同胞，都对牛庄馅饼赞不绝口。

几十年来，赵师傅也是桃李遍天下，为了保护传统手工技艺的纯正，他对所授业的徒弟严格要求，为国内外培养了很多牛庄馅饼的优秀传人。如今一些弟子已走出国门，到新加坡、马耳他、马达加斯加等国家烙制馅饼，受到当地人的欢迎。

另两位传人中的佟向福早在20世纪70年代就去了人民大会堂做东北灶的主理，崔春清也离开了牛庄，开了以他名字命名的崔春清食品有限公司。他们同样在用自己的努力为发展牛庄馅饼做着贡献。在2008年奥运会推荐食谱菜品展中，崔春清制作的牛庄馅饼荣获了金奖，此外，他研发的"崔春清牌"速冻牛庄馅饼已获得国家发明专利，填补了速冻食品中的一项空白，并在第六届国际农业博览会上被评为最受欢迎的农产品。

经过上百年的历史传承，牛庄馅饼以其传统精湛的制作工艺、酥软香脆的独到口味享誉华夏，为不太擅长做面食的东北人在饮食界赢得了声誉。现在，牛庄馅饼的品类更加丰富。在馅料上，选猪肉、牛肉为鸳鸯馅，取香料十余种煮制，取汁喂馅增其味。蔬菜随季节变化，豆芽、韭菜、黄瓜、青椒、南瓜、芹菜、白菜、酸菜等均可入馅，使饼馅荤素相配，浓淡相宜。高档品还以鱼翅、海参、大虾、干贝调馅，其味道更是鲜美无比。包制过程是传统手工制作的关键环节，下剂子、按扁、打馅、收口，每道工序都有较高的技艺。烙制过程要严格掌握温度火候。整个制作工艺环环相扣，形成了独有的特色。

如今，牛庄馅饼已被列入辽宁省非物质文化遗产名录。其制作工艺已受到了国家的重视和保护。近些年，牛庄馅饼多次被国家国内贸易局、辽宁省商业局、辽宁省烹饪协会评为中国名点、中华名小吃、辽宁家常名点、辽宁知名风味、辽宁省旅游十大风味食品等。这其中有着牛庄馅饼自身的历史工艺价值，更凝聚着几代传承人的心血和智慧。

给个神仙也不换

——岫岩柞蚕

◎伊尔根

　　喂，朋友，你吃过"神仙"吗？不要误会，这里的"神仙"不是神话中的神仙，而是东北柞蚕和蛹的中间体，因为非蚕非蛹，岫岩人戏称之为"神仙"。什么？你没吃过，那我先请你在书中吃一回吧，保你满口生香，给个神仙都不换！

　　在吃"神仙"之前，我先介绍一下岫岩柞蚕：柞蚕又叫野蚕，是半野生状态下的经济昆虫。中国是柞蚕发源地，世界柞蚕产量90%在中国，中国90%在辽宁，辽宁60%在岫岩。岫岩县总面积4502平方千米，是一个"八山半水一分田"的山区县。岫岩县山峰绵亘不绝，非常适合放养柞蚕。据史料记载，岫岩放养柞蚕有两百八十多年的历史，是名副其实的"中国柞蚕第一县"。

　　别看柞蚕小，全身都是宝，这里单单说吃。柞蚕蛹是一种新营养源，是卫计委批准的唯一昆虫类食品，其蛋白质、维生素、矿物质含量很高，富含十八种人体所必需的氨基酸，是补充人体蛋白的最佳食品之一，能提高人体免疫功能，延缓人体机能衰老。蚕蛹油可以降血脂、降胆固醇，还有改善肝功的作用。

　　柞蚕每个世代要经过卵、幼虫、蛹、成虫、蛾五个变态，是完全变态昆虫。柞蚕长在野外的山上，食柞叶，饮晨露，沐清风，浴朝阳，集旷野之灵气，摄日月之精华，属于纯天然、绿色、有机食

炒蚕肉

柞蚕

品。成年的蚕绿莹莹、软绵绵、胖乎乎的，可以直接过油炸吃，在高温食用油的激发下，蚕的香气被瞬间引爆，入口后能在口腔内造出一个小香炉，那口齿噙香的感觉，真是仿佛一生只为这几秒。也可以剁碎了单独炒吃，或者和白菜末或者辣椒末一起炒吃，不管怎么吃都非常鲜香。

蚕做茧后会变成蛹，如果在变成蛹之前把茧用刀划开，此时蚕刚刚蜕皮，身子娇嫩，稍微一碰就会出水，这就是所谓的"神仙"。"神仙"可以炒吃，也可以直接炸吃，口感软、鲜、绵、软、滑、爽，让人沉浸其中欲罢不能。之后"神仙"会颜色逐渐变黑，表皮逐渐变硬成为蛹，蛹用水焯过后，可以直接加盐拌成"盐水蛹"，这种吃法蛹津液饱满，保持了蛹的原汁原味；也可以煎、炒、烹、炸变着花样吃，不管采用什么吃法，都是蛹的鲜味统治一切，这是毋庸置疑的。

蛹在蚕茧里安安稳稳地睡觉，如果环境温度合适，蛹会钻出茧皮变成蛾。这里重点说一下雄蚕蛾。在中国传统文化中，蚕与龙相似，被敬称为"天虫"，"蚕与龙同气，龙与马同气，故为龙身、马头者，故此又将蚕称为'天驷龙精'"。《本草纲目》中说，"雄原蚕蛾益精气，强阴道，交接不倦，亦止精。壮阳事，止泄精、尿血、暖水脏，治暴风、金疮、冻疮、汤火疮、灭瘢痕。蚕蛾性淫，出茧即媾，至于枯槁而已，故强阴益精用之。""丈夫阴萎，未连雄蚕蛾二升……炒为末，蜜丸梧子大。每夜服一丸，可御十室。"现代科学研究证明，雄蚕蛾体内含有丰富的活性物质，雄性激素含量丰富，对增强人体免疫力和性功能效果显著。雄蚕蛾是一道名贵的地方特色食品，可以单独炒吃，可以伴韭菜炒吃，亦可以油炸吃，味道鲜香独特，入口别有一番风味。

怎么样，"神仙"的味道不错吧？百闻不如一吃，如果你觉得还

四世同堂

不过瘾，那么欢迎你到玉都岫岩来，我请你吃"四世同堂"，且先想象一下吧，在精美的青花瓷盘子里，摆满了炸好的柞蚕蛹的"四代"：蚕，蛹，神仙，蛾。盘子天青，"四代"金黄，入眼是满满的视觉盛宴，等到"四代"入口，那感觉真是美滋滋、爽歪歪，真正给个神仙也不换了。只是千万注意哟，男士一定不要多吃，至于原因，亲爱的读者你懂的。

不吃海三样，白来海一趟

——大连海三样

◎老藤

在大连生活多年，如果有人问我最喜欢吃的海鲜有哪些，无须思量，我就会脱口而出"海三样"。海三样即海胆、海肠、海麻线，三者被称为海三样不是我的独创，是旅顺口区渔民的发明，是十几年前一个渔家乐老板娘告诉我的。那是一个周末，我和家人到柏岚子村一户渔家乐吃饭。柏岚子村位于辽东半岛最南端的老铁山下，那里离黄渤海交界线很近，海货品种多、质量好，许多人喜欢到那里品尝海鲜。渔家乐里的海鲜品种十分丰富，渤海刀鱼、鲅鳙鱼、狼牙鳝、偏口鱼、黑鱼、黄鱼等，应有尽有，除了鱼类外，贝类也很多，赤贝、贻贝、扇贝、海螺、花蛤、香螺等，有的贝类我甚至叫不上名字。我让身边点菜的老板娘给推荐几道菜，这个珠圆玉润的中年女人用海蛎子味甚浓的大连话说："不吃海三样，白来海一趟。恁点海三样吧，保你吃了这顿想下顿。"我问什么是海三样，我在大连这么多年怎么从来没听说过。老板娘说："海三样是海头边的话，城里人听不到。"老板娘的话引起了我的兴致，我说那就点海三样吧。这顿饭吃后，我感到老板娘这番推介颇有含金量，海三样确实地道，真的是吃了这顿想下顿。

有人说味道的记忆会伴随人一生，这话应是经验之谈。我在老铁山下品尝了海三样之后，这三种海产品的味道便与我的舌尖难舍

149

海胆蒸蛋

难分，以至于什么海参鲍鱼、黑鲷黄鱼，统统让位给了海三样。对于吃惯了海鲜大餐的食客来说，海三样也许没有什么名气，上不了考究的台面，但舌尖是检验海鲜的唯一标准，只要你吃上一回，舌尖上的味蕾便会表决出什么是当之无愧的"头鲜"。由海三样我还得出一个看法，吃海鲜不要迷信名气，名气再大，入口后调动不起你舌尖的味蕾也不能说好。有一次我在北欧的游艇上吃海鲜自助大餐，朋友向我推荐烹熟的三文鱼，说味道多么妙不可言。因为看上去色彩尚可，我便夹起几块置于盘中，结果我上当了，这种看上去华丽养眼的三文鱼吃起来简直味同嚼蜡，无论蘸什么作料都难以下咽，我是硬着头皮才吞下去那些鱼块的，自此，一看到三文鱼就有些反胃。或许是受三文鱼的影响，那次海鲜自助餐上的螃蟹、海螺、贻贝等其他海鲜味道也不敢恭维，我花了大价钱，结果吃了个寡淡。与那顿所谓的海鲜大餐相比，在渔家乐吃的这顿海三样却有些意犹未尽，离开渔家乐上车后，我心里由衷地喊出一个字：值！

海胆品种众多，大连海域的海胆俗称马粪海胆，有的渔民称之为刺锅子。马粪海胆和刺锅子名字听起来确实一般，许多美味食材多有不雅之名，比如潮汕的撒尿牛丸，台湾的棺材板，青海的狗浇尿，上海的包脚布，人们这般命名也许是为了反证其美吧。马粪海胆的名字应该来自它的形状与色泽，好在马是人们喜欢的役畜，老百姓对马粪也没有什么厌恶感，还有人说啤酒是马尿味，可见对马粪马尿排斥的情绪并不那么严重。其实，马粪海胆更像一个微型水雷，是那种长满触角的水雷。20世纪90年代初期我给《黑龙江日报》写过一篇散文，文中给马粪海胆起了一个名字——水雷海胆。我觉得水雷海胆更符合生猛海鲜的定位，因为这种海鲜会引爆你的味蕾，炸开你的胃口。

海胆可蒸、可炒、可拌、可汆汤，吃法很多，但最能体现其美味的则是生吃，将海胆开壳后，去除其内脏，留下金黄色的海胆卵，海胆卵呈花瓣状排列，看上去宛若一朵盛开的非洲菊。厨师会用一品鲜和辣根调制出蘸料，将蘸料少许浇在海胆卵上，就可以用小勺盛出入口。海胆卵不仅味美，而且对人体还颇有益处，被中医视为海中珍品。最近几年，大连的海胆水饺受到食客热捧，尽管价格有点高，但排队等候品尝的食客仍然络绎不绝，说明海胆水饺确实物有所值，虚价成分并不存在，毕竟一只海胆最多只能包两个水饺。

与海胆相比，海肠就属于十分常见的海产品了。海肠学名单环刺螠，栖身于海滩或岩石缝里。海肠是一种古老的海洋生物，它的鲜美仿佛带着一种穿越，一种钩沉，一种家中厨房升腾出的袅袅蒸汽，吃起来有种无法言状的空灵。海肠之鲜可以当味素用，在没有味素鸡精的年代，渔民做菜切几截海肠放入，锅中之菜便会提鲜增味，变得可口起来。那天我在渔家乐吃的是海肠炒韭菜，这道菜虽然貌不惊人，但吃起来却有十足的脆生感，令人不忍停箸。海肠炒韭菜适合下酒，它能中和白酒的烈性，让喝下的酒生出几许回甘。那天就是因为这道菜我多饮了几杯白酒。我想，美酒不以贵为美，佳肴也不以奇为佳，就像饮红酒需要佐之以红肉，饮白葡萄酒需要佐之以海鲜的道理一样，酒与肴味相投、气相和才是两者相遇的最高境界。生活中很多饭局只顾排场和阔气，却忽略了酒与肴性情上的相得益彰，这样吃下去胃肠会抗议的。在这个小小的渔家乐，我觉得酒与肴做到了两全其美，这当然要归功于那盘海肠炒韭菜。

海麻线学名萱藻，是海中可食藻类的一种。海麻线一般呈褐色，长在礁石上，在海水中漂漂摇摇颇似少女染过的长发。渔家女子从海中将海麻线采回，需要浸泡、清洗，这样做不仅是去掉泥沙、碎贝壳等杂质的需要，更主要是洗掉有毒的河豚鱼卵，河豚喜欢在海麻线中产卵，一旦误食麻烦就大了。海麻线的吃法很简单，就是做

韭香海肠

海麻线包子

馅。将海麻线切上几刀，然后将肥肉切丁，加上相应作料搅拌成馅，然后包成玉米面包子或白面包子，蒸熟即可趁热食用。

海麻线包子的独特之处是韧劲和清鲜。所谓韧劲，就是吃起来那种缠绕舌齿间的柔韧，嚼头十足，每一口都饱满而充实。所谓清鲜，是一种区别于鱼和虾蟹的另一种鲜，这是带有春天草香的一种鲜，让人联想到柳芽、芦笋、豆苗或裙带菜。海麻线的清鲜是一种复合鲜，它综合的是素菜之长，味道在肉鲜之上，这也是海麻线包子特别受女士喜爱的原因所在。老板娘告诉我，大连市内许多女士一到周末就开车来老铁山，目的就是来吃海麻线包子。

需要说明的是海三样的价格并不高，与海参鲍鱼比起来，除了海胆价位稍高一点外，海肠和海麻线都是普通大众消费，一家人在渔家乐一顿海三样吃下来，人均消费不到百元，却能吃得沟满壕平，着实划算。

无参不成宴，
无鱼不成席，无贝不足鲜
——大连海鲜

◎素素

有一种馋，叫大连海鲜。

在大连人眼里，北纬39度是地理标志，更是地球密码。北纬39度的神秘性，在于它不只盛产名城，还盛产葡萄、人参、辽刺参。享誉世界的三个珍稀物种，辽刺参占其一，令大连人倍感骄傲的半径瞬间扩大了。重点就在刺参前面那个辽字，其实指的就是大连。

辽刺参是学名，大连的海岛渔民给它取了个乳名：癞瓜参。因为它浑身长刺，浑如吊在蔬架上的癞瓜。不过，大连人还是觉得叫癞瓜参太土，叫辽刺参太文，于是约定俗成，统一口径，叫海参。

海参是大连海鲜的代表，不只是富含胶原蛋白，还有顽强的再生能力。有人做过实验，把一只活海参切成几段，扔回海里只需半年，一段就会变成一只。因此，这个城市素有男参女鲍之俗，自立冬之日起，一天早上吃一只海参，一直是女人爱男人的特殊方式。

其实，大连海鲜是一个家族或集团，在数不清的鱼虾贝藻里，最著名的海鲜除了海参，还有渤海刀、对虾、夏威夷贝、皱纹盘鲍。北纬39度，顾名思义，就是这里地处北温带，这里的海水凉，盐分足，因而这里的海产品长得慢，营养丰富，鲜美度高。遥想当年，尼克松访华在北京国宴上吃的一道海鲜，便是产自辽东半岛的皱纹

各式各样的海鲜

盘鲍。

辽东半岛在北，山东半岛在南，大连人的祖先多半有闯关东的背景，他们管自己叫"海南丢"，管故乡叫"海南家"。离家的时候，也把鲁菜系里的福山菜从"海南"带到了"海北"。

福山在烟台，海鲜自然也是餐桌上的主打，只是烟台比大连低了两个纬度，味道便差出了好几条街。经数十年改造，大连菜便另立山头，自成一家，在当年的大连火车站前，就有一座著名的大连海味馆。发展到现在，又有了天天渔港、海味当家、小船渔村、品海楼、蟹子楼和它们的海肠饺子、海胆饺子、海菜包子、蚬子面等，究竟有多少家馆子，多少种吃法，谁都数不清。

中国喜欢海味的吃货，首选之地必是大连。城市从小渔村脱胎而来，虽经百余年光阴变幻，市区海滨至今还保留了几座桅樯林立的渔港，几个现捞现卖的鱼市。在大连人的餐桌上，海鲜更是顿顿少不了的当家菜，而且，大连人有个信条一样的口诀：无参不成宴，无鱼不成席，无贝不足鲜。

一切都因为，大连在北纬39度。大连人嘴巴刁，舌头奸，吃海味差一度都不行。生活在烟火气如此之浓的城市，常令我有不知今夕何夕之感。原以为，青泥洼小渔村的气息，早在一百多年前就消散了，其实它从未飘远，既盘桓在城市的底部，也盘旋在城市的上空。

有一种闲，叫海钓；有一种猛，叫海碰子。

一方海水，养一方人。大连人不止会吃海味，会做海味，而且热爱海钓，擅长碰海。在大连人的日常里，如果缺了这两样，吃也没滋味，做也没激情。

海钓，有专用的钓具。从钓具装备，可以看出钓者水平。站在海边礁石上垂钓的，也可能是专业的钓者，坐船去深海里甩钩的，或许是业余的钓者。这个城市经常举办各种级别的钓鱼比赛，在我的报社同事中，就有两个专业钓者，专业到当过好多次冠军，他们家吃鱼基本不用去市场花钱买。

碰海，人要扎入海里，甚至是海底。早年的碰海人，赤身裸体，一丝不挂，只在手腕系个网兜，憋一口长气潜下去，上来就是半兜海鲜。当然，也是因为彼时海洋生态好，可吃的海鲜随手可捞，而且绝对野生。

大连最著名的海碰子是作家邓刚，20世纪80年代曾写过中篇小说《迷人的海》，后来又写出《白海参》《龙兵过》《山狼海贼》等多部长篇。他对中国文学的最大贡献，就是给文学画廊提供了一个别人完不成的艺术形象：海碰子。其实，他写的是自己。在饥饿时代，即使是冬天，他也可以不用任何工具，赤体跳入寒冷刺骨的大海，捕捞出够一家人果腹的餐食。他对海的熟悉，与自然的搏斗，跟命运的对抗，不亚于海明威笔下那个拖拽大鱼的老人。

在大连鱼市买海鲜，价格有贵有贱，如果说海参鲍鱼是豪门，海蛎子就是草根，它也因此成了一种隐喻。

大连地处关外，对中原而言，这里属于边疆，最早的土著文化主体，其实是自古以来就在这里游牧或渔猎的东北人。如今正宗的土著已经日渐稀少，渔捞文化的根脉却依然粗壮。

有一种土，叫大连话。

一百多年过去，留在这个城市的"海南丢"，至少三代以上。最有辨识度的标志，便是一口难改的山东话，一代传二代，二代传三代，一直去不了根。

有专家考证说，此岸的辽东半岛，对岸的山东半岛，都在北方语系范围，属于北方话里的胶辽官话。但是大连人说，别扯什么胶辽官话，俺们说的就是海蛎子味大连话。

的确，不管男人女人，只要有"海南家"背景，一开口，满嘴

海蛎子

都是海蛎子味。大连人那么要面子，却能用海蛎子主动拉低自己，着实让我吃惊。

海蛎子，学名叫牡蛎。渤海和黄海的海蛎子，个头偏小，味道极鲜，它们生在浅海礁丛，退了大潮，俯拾即是，价钱极便宜，大连人当家常菜吃。海蛎子好吃，毋庸置疑。海蛎子味大连话，外人听了就有点费解。

20世纪90年代，我在副刊主持过一个《民间语文》专栏，向全市征稿。其实就是征集大连话，把这种民间语文当成地方文化的活化石。其间，我还带头写了一篇，并给大连话总结了四个特点：

其一是土。城市是洋的，话却是土的。主要是大连人祖辈是"海南丢"，与"海南家"走动频繁，儿孙辈有许多甚至在那里上过学，说话总是带着"海南家"的味儿。

其二是狠。狠的目的，是为了把话说到位。比如，把打你，说成砸你，把踢你，说成踹你。打和踢，都有点花拳绣腿，砸和踹，却掷地有声，可见大连人血液里至今流淌着闯关东的野性。

其三是简。出语就没有废话，因为大连人最受不了的就是啰唆。比如，大连人夸人，全用"干净"两字代替，却与卫生无关。你衣服穿得干净，你话说得干净，你事办得干净，你人长得干净，不管夸什么，一律用这两个字。这样的简，外来的人绝对听不懂。

其四是逗。大连人喜欢看芭蕾，听交响乐，却不接受二人转和小品。其实，大连人并不缺少幽默细胞。比如，看谁冒傻气，他们就会用大连话呲白，说一些潮、彪、有病、脑子进水之类的动词或形容词。凡这么说，又一定是关系到位，因为在大连话系统里，这不是骂，而是逗或嗔，哥们儿浪气的。

彼时，我还没把大连话上升到海蛎子。现在想想，也许海蛎子本身就含有幽默细胞，让大连人说话自带一种别样的潇洒和喜感。

大连一绝

——海肠水饺

◎陈昌平

　　自大连来沈阳，十年有余，人熟地生，经常想找家海鲜馆子解解馋。大大的沈阳怎么会没有海鲜呢？在我居住的周边，就有几家海鲜馆，均被我一一吃遍。所谓一一吃遍，并不是说我吃海鲜的频率有多高，而是，吃过一家，失望一家。

　　说起来，大连虽然是临海城市，但是海产品的产地大多在长海、庄河、瓦房店乃至丹东。就是说，以距离论，沈阳也不是内地城市。盖州与丹东，就有不少人在沈阳经营海鲜餐饮。只是，来自同一个地域的海产品，在沈大两地餐桌上却呈现不同的样貌。在沈阳一家火爆的焖鱼馆里，有一道咸鱼饼子，但是咸鱼却不是大连常见的鲅鱼和偏口鱼。老板曾在大连经营过餐饮，同样是咸鱼，大连人喜欢吃鲅鱼、偏口鱼，沈阳人喜欢吃鳝鱼与鲹鳙鱼。什么原因，老板说一个地方一个口味。

　　还是以饺子为例。

　　我小时候，吃饺子的最高境界就是两个字：成丸。成丸者，肉足。反之，就是菜多肉少。成丸的饺子，大腹便便，像富人一样腆着肚子，带着自信的弹性。不成丸的饺子，外形不输，但是过水之后，立即腹扁变形，软塌塌地透着一股无奈的谦虚。所以儿时过节，我最期待的就是吃上成丸的饺子，一口下去，牙齿咀嚼肉丁（一定

164

海肠馅

海鲜饺子

得是肉丁）带来的幸福感伴随着浓郁的汤汁瞬间传导至全身……真正的幸福不仅在眼前，还得在嘴里。

人类对味觉的记忆是最深刻的。而味觉的形成，毫无疑问来自家庭，因为社会分工的原因，这句话也可以表述为来自妈妈。夸张点说，来自生养你的地域，文学表达，谓之血地。

大连的菜系比较特殊。人口构成以山东后裔为主，地理位置归属东北，三面临海的城市，海洋比土地更辽阔，也更丰饶。这就使大连身处东北与齐鲁两个美食板块之间，却又能生发出自己独有的海鲜气质。

绕来绕去，还是得回到饺子。

改革开放之后，不知始于何时，大连的饺子焕发出自己独特个性，代表作就是海鲜饺子，比如海肠馅、海螺馅、海胆馅、虾仁馅、虾爬子馅、鲅鱼馅、海参馅、扇贝馅，等等。前几年火爆的《舌尖上的中国》，汇聚华夏美食，其中就推出了大连一个小店的海肠水饺。

说是小店，一是店面委实不大，二是偏居高新区小平岛一隅。就是这么一个"小且破"的馆子，一盘海肠饺子卖到了120元（20个）。就这价格，饭口还限购呢，每桌不能超过两盘。还真不是噱头，慕名而来的食客总是在门口排号。

我在沈阳不止一次点过海肠水饺，结果均令我失望。海肠硬，韭菜老，为了省钱，店家还掺杂了过多的肉馅……相比之下，"舌尖"那家海肠饺子有何诀窍呢？

首先是馅料，只用海肠和韭菜。红色的厚壁海肠（略呈紫色）与宽叶的绿色韭菜，两者都是极鲜之物。从前的厨师，把海肠放在瓦上烘焙，待海肠变脆，搓成粉，专门用来调鲜。至于韭菜，尤其是早春的韭菜，自古就是鲜香腴嫩之物。韭菜去两头，切段，控水，用少许色拉油搅拌，含住水分。块状的海肠与段状的韭菜搭配，红

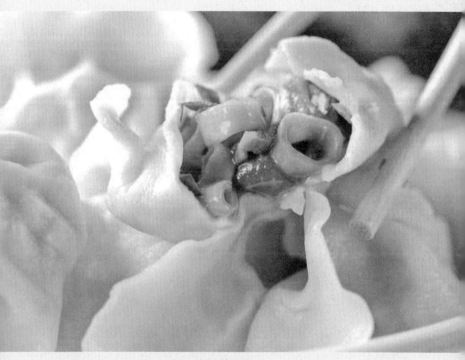

海肠馅饺子

绿交响，佐以少许盐，少许酱油，少许胡椒粉，即成馅料。

其次是火候。肉馅的饺子得三开，否则不熟。但是海肠与韭菜均属娇嫩之物，莫说三开，两开便老。所以煮海肠韭菜馅饺子，火候是关键。开水入锅，一开即可。待开水沸腾，用少许凉水轻点，用笊篱轻压水面，自内向外摆动，使锅中诸饺受热均匀。此刻出锅的饺子，皮薄馅足，呈半透明状，不需蒜泥作料，一口下去，红绿鲜艳，鲜汁爆口，顿觉人世美好，万物可期。

袁枚在《随园食单》记述："剥蛤蜊肉，加韭菜炒之佳，或为汤亦可，起迟便枯。"这里的"起迟便枯"，说的是火候过大。大连的海肠韭菜水饺，得之于火候的把握，成就了"大连一绝"的美名。

我是海鲜水饺的爱好者，但是深化与细化海肠韭菜水饺的奥妙，自觉力所不逮，于是电话请教了大连美食作家王喜君。喜君是大连著名美食达人，会吃，能写。在他绘声绘色的描述里，我得以窥见成功背后的无数门道与窍门。

而今，海鲜水饺风靡大连，有店家开发出了通体黑色的墨鱼水饺，有店家推出了18元一个的海胆水饺……一度沉寂的寻常饺子，大有携海鲜回归之势，一跃而起，成为餐桌上的顶级食品。

海肠韭菜水饺是个案例，由此蔓延开，我们可以得出一个结论，好的食材离不开好的厨艺。食材与口味是互相成全的，口味与厨艺也是互相成全的。有一个笑谈，同一个品种，在大连叫海鲜，在沈阳叫海产，在北京则叫海物。此中意味，笑谈之余，也让人深思。

行文至此，看到一则新闻，大连的一家百年老店——群英楼，近日被移出中华老字号名录。群英楼哇，曾经的大连饭店的头牌，饭店出品的风味饺子曾获得"天下第一饺"的美誉，开创了速冻水饺出口日本的先河。群英楼的没落与海鲜水饺的崛起，其中折射出更多让人深思的话题了。

烧烤摊上的新宠

——东港黄蚬子

◎ 刘金恩

　　太阳落山了，东港市的夜经济就火起来了：大街小巷的地摊、小门脸烧烤店，先后点起炭火，烟雾缭绕，热气升腾。烤地瓜、鸡翅、香肠、豆腐皮、黄蚬子等的叫卖声，此起彼伏，震耳欲聋。五味交融，鲜味飘香，客来客往，碰杯换盏，好生热闹。众多烧烤品种中，唯有烤黄蚬子最受食客青睐。

　　黄蚬子学名青柳蛤，因为个头大，都叫大黄蚬子。大黄蚬子是以泥沙质滩涂为家，黄沙为食的群居性贝类。若生存环境不适，一夜间踪迹全无，所以又名"飞蛤"。

　　20世纪五六十年代，在人们不经意中，大黄蚬子不知从哪里飞到我们的

蚬子

171

清蒸蚬子

葱油肥蚬子

家乡——北黄海沿岸优质泥沙相间的宛如海绵式的滩涂，安家落户至今。

当年家乡渔业捕捞工具落后，捕捞大黄蚬子很困难，又不值钱，渔民压根没当回事。20世纪70年代初，安康人发明了铁箅子网具，港口日上货量才百余吨。收购价2分，市场价3分，当地人吃得很少。渔民只好把蚬子煮熟，破壳扒肉晒干，销往江浙一带，利润也很低。后经市县外贸公司打开国际市场，男人扬帆出海，水当炕天做衣，铺水盖浪捞蚬子。女人在港口支起几口大铁锅煮蚬子扒肉，穹空中荡起悠扬的欢笑声一阵又一阵。热气如雾升腾，漫天缭绕，喷着腥鲜的味道，留下一堆堆蚬子皮小山，形成一道别致的美景。每年出口去脏（挤出内脏）蚬子肉千余吨。

当地人起初吃蚬子，只会煮熟了吃。渐渐有人发明将蚬子煮熟剥肉去脏晒干了吃，坐在沙发上边看电视，边信手送一颗蚬干到嘴里打牙祭，滋生精神，享受美味，那种感觉妙不可言。

大黄蚬子壳薄肉厚，入口脆嫩忒鲜。煮蚬子的汤沉淀澄清后下面条，要比下面条加入红梅或太太乐味素等鲜灵许多。

再后来，除了传统的吃法外，有人发扬神农尝百草的精神，愣是将大黄蚬子做吐沙处理后，搬进大街小巷的烧烤店，一碟一碟售给食客。食客便把活脱脱的大黄蚬子放在炭火烤盘上烤，它很快发出了吱吱啦啦的声音，张开两扇贝壳，露出纯白色的嫩肉，流出浓稠的鲜汁。一位操山东口音的食客，从烤盘上拿出一个张口的蚬子，取肉入口，边嚼边对女友说："真鲜！真解馋，你快吃。"遂将壳里的乳白色鲜汁倒进嘴里，一扬脖儿："好爽啊！"女友如法炮制："咋这么鲜，咱们那儿的蚬子就是个头小点，模样差不多，咋就没有这个味道？"两人喝着啤酒连吃了三碟烤蚬子。

近几年，山东、河北、江浙一带，也有黄蚬子出没，但其个头

锡纸黄蚬子

要比家乡的小，肉质偏硬，口感逊色。各地"驴友"到我家乡旅游，公认这里的黄蚬子个头大最好吃，所以，家乡大黄蚬子的味道就火遍了大江南北。

近乎一样的黄蚬子，为什么家乡的黄蚬子成为天下奇鲜，此乃何故？不妨套用《晏子春秋·杂下之十》一段话："橘生淮南则为橘，生于淮北则为枳，叶徒相似，其实味不同。所以然者何？水土异也。"

海边也是一个世界

——生卤海鲜

◎ 石琇

"市井街巷里，聚拢来的是烟火，摊开来的是人间。"记不得在哪本书里看过这样一句话，当时只是觉得好美。在我的家乡，每到浅秋时节城市上空弥漫着海鲜的味道时，我就会想起这句话。在临近辽河渡口码头的平安路上，刺玫菊已经逐渐凋零，只有顽强的蔷薇还漫垂在街边的栅栏墙上。时不时地从栅栏墙的那边传来声声吆喝：刚下船的来喽……

从那一刻开始，每年一度的海鲜盛会便拉开序幕。

也是在这个时节，先生必会每天拎回大大小小海鲜，有时是虾爬子、螃蟹，有时候是鲅鱼、黄花鱼、海虾。海鲜无论大小都是新鲜翻活的，个头大的用来蒸煮，小的用来腌制卤货。为此我们还特意买了一台冰柜，专门存放海鲜。我是海边出生海边长大，海产品一直都是餐桌上的必备菜，甚至小零食也都被各种贝类等小海鲜替代了。为此，家里的老人常念叨我是属猫的，顿顿离不开海腥味。我想，我对家乡的眷恋，对海的痴迷，可能一定程度上是因为那些四季不断的海鲜满足了我的味蕾吧。

家乡辽宁营口是一个小小的沿海城市，城乡居民都拢到一起也不过二百多万。可地理位置却是得天独厚，自然风景和历史底蕴使我的家乡既厚重雅致又充满灵动。营口，不仅山海林泉风景宜人，

生卤料汁

生卤海鲜

还有散落在沟沟沿沿的名胜古迹，在考古界的地位也是首屈一指。我热爱的这片土地上有罕见的海上观落日的景观，河海交汇的独特水域和土壤养育着闻名遐迩的鱼米之乡。"靠山吃山，靠海吃海"，每年九月开海之际都有大量的外地游客拥向西海岸边，安营扎寨，大吃特吃几天营口小海鲜。我的外地朋友常常小住两三日之后意犹未尽，对营口的海景房和营口海鲜啧啧称赞。临走时我也会尽地主之谊，把他们的后备厢塞满大大小小的保温盒，盒子里面是本地的各类海鲜，当然我也会推荐他们尝试一下我更喜欢的卤制海鲜。

说到卤制海鲜，首先要求海鲜必须是鲜活的，其次，调制卤汤也是学问多多。我吃了几十年的海鲜和卤海鲜，依旧只有坐等张口的份儿。有过几次，我十分虔诚地拜师学艺，从而掌握了一些初级的理论常识，也心血来潮地想小试牛刀，但结果必是翻车，连同鲜活海鲜一同倒掉的还有各种价格不菲的干调配料。先生对此的结论是，有很多事情是需要天赋的，比如会吃。对于先生的揶揄我是不予计较的，能给足我海鲜饱腹，被调侃也无妨。

虽然我不会操作，但对于海鲜卤汤还是了解的。卤汤有生卤和熟卤之分，还有鲜香和鲜辣之别。制卤过程看似简单，配料由葱、姜、蒜、花椒、大料、干辣椒段等稀松平常的调料以及水制成，但其中奥妙太多了，比如说，制卤的容器一定要彻底洗涮，如果不慎掉入半点油水，那就前功尽弃了；再比如说，配料能用手撕的就不要用刀切；还有，海鲜最好不要用水清洗，这个步骤是不是为了带着海水的本真味道呢？还有一些我无法理解的工艺，我索性当作"黑匣子"接纳了。

所谓生卤，就是直接把以盐为主的调味料按照配比放进水中，用力搅拌，使调味品充分分解，融化。再把花椒、大料、大葱段、姜片等干调和配料放入盐水里，再次搅拌，直到能闻到各种调味混

生卤虾爬子

合的香气，再把海鲜依次放进卤汤里，摆放整齐。随后撒上大量的蒜末和少许香菜，再盖上保鲜膜，放置冰箱冷藏层里存放。

所谓熟卤，和生卤所用配料相同，唯一不同的是要把水用大火烧开，再依次放入干调和调味品，直煮到汤水变了颜色，各种调料的味道都被煮出来了，然后关火静置，等到卤汤自然凉透之后，才能把海鲜放入。后面的步骤是相同的，还是把蒜末和香菜撒在最上面。

所谓鲜香，可依据个人的口味放入增鲜的调味品。我还是喜欢海鲜本身的鲜味，所以先生很少做这种提鲜的卤汤。

所谓鲜辣，是在诸多的干调中添加品质上好的干红椒段，在制卤的过程中会闻到令人畅快的香辣气。这款鲜辣卤汤也可以当作吃蒸煮海鲜时的蘸料。辣椒的干燥可以抵挡海鲜的生冷，适合初次吃生鲜的人，胃口不会感觉太寒凉，口感也会产生更多层次。

制作好的卤汤不仅可以卤虾、卤螃蟹、卤虾爬子，还可以卤各种大大小小的鱼类，营口特有的"两合水"的海鲇鱼、小鲫鱼、大头宝、鲅鱼，都被营口人乐此不疲地纷纷泡进卤汤里。大有"一锅卤汤，万物皆可卤"的架势。尤其值得一提的是卤制鲅鱼，已经成为营口海边的旅游产品代表。头脑灵活的商家把卤制好的鲅鱼整条塑封进真空包装袋里，即使在常温里也可保存一周左右的时间。游客们带回家之后，打开包装，可以直接扔进锅煎炸烤炖。说到炖，就一定要试试咸鲅鱼段炖黄豆，它简直就是下饭菜中的无冕之王。通常在我推荐之下，我的外地朋友们都先后品尝过这道"营口名菜"。

制卤过程的说道之多已经让人觉得玄妙了，到吃卤海鲜时还有一个"剥皮学问"。首先有手剥技巧，比如说剥咸虾爬子要从尾部向头部掀起，最好是不中断为最佳水平。剥卤虾时要把虾头去掉又要保留虾黄，并且和虾身保持连接。剥卤螃蟹的步骤要相对烦琐，最

生卤虾

关键的是去除螃蟹内脏之后，把螃蟹从中间分开时蟹黄要左右匀称才不至流出来。其次，从卤海鲜的"剥皮学问"中还能体现出女性在餐桌上的地位，通常来说如果有先生在场，我是无须自己动手的。不要看营口的男人平时大大咧咧，但对于剥海鲜的细腻是欣然接受的，对于他们，在剥海鲜的过程中似乎能寻找到更大的欣慰和满足。如果遇到吵架拌嘴的两口子，就拉着他们一起吃卤海鲜，基本上吃完也就和好如初了。

再来说说卤制海鲜的最佳搭档，那就是可以加热的米酒。原因有三：其一，米酒的温热平衡了海鲜的寒凉，更好地体贴照顾肠胃。其二，米酒的酒精度数不高，口感甜糯，即使不胜酒力的人也能小酌几杯，使共同进餐的氛围更加融洽。其三，米酒的微辣微甜能够激发卤制海鲜中的鲜美，尤其是吃卤螃蟹盖子里的膏黄时，一定要抿上一小口温酒，顿时满口留香，盈足了味蕾的无限幸福感，心情的愉悦也是用文字难以描述的。只有品尝过的人才能体会到美食带来的快乐，并心甘情愿地为之付出操劳。

在营口，餐桌上一年四季不离鱼虾蟹真的不算奢望，只能算营口普通的工薪阶层餐桌上的标配。市内的大小商超和集市，海鲜摊位的生意都是最火爆的。每年都会期盼着开海期快点到来，迫不及待地等到海鲜逐渐肥硕起来，品类也不断丰盈起来。河海岸边千帆竞发，码头上人头攒动，渔民们忙碌的身影和黝黑的面孔呼应着，城市中飘荡着海的鲜香，那诱人的鲜香飘到一张张团聚的餐桌上，飘到人的心坎里。那浓郁的鲜香一直陪伴着营口人走过一个又一个秋冬春夏。"一生之重不过饱餐与温暖，一生所求不过被爱与良人。"小城营口是一个飘满海鲜味道的城市，不仅能带给人们衣食无忧的安然，还有生生不息的永不磨灭的希望。

路边摊儿也有大美食

——炒焖子

◎李皓

　　我一直认为炒焖子是大连的小吃，并且带着一种偏执。究其原因，是因为我第一次吃到这种小吃，就是在大连的街头。那一次吃完，大连炒焖子给我留下了刻骨铭心的记忆。

　　1990年春天，我当兵的第二年，家乡普兰店召开第一次文代会。我的文学启蒙老师姜先生给我发来了邀请函，部队首长念及我的"文采"，破例准假几天，让我回家探亲并参加文代会。探家期间，我挤出时间到大连市内去看望一位在辽师大读书的女同学。

　　师范学院所在地旁边就是大连著名的太原街夜市，黄昏时分，女同学带我逛夜市。我们在一个焖子小摊儿坐定，过一会儿，她端来两个小塑料碗，碗里装着墨绿色类似凉粉的胶状食物，表面浇着蒜汁和芝麻酱。

　　我问："这个是啥？"

　　"焖子，大连焖子！用地瓜淀粉熬出来的凉粉炒出来的，没吃过吧？"她说。

　　"嗯呢，没吃过，农村人见识短。"我调笑着。

　　"什么农村人城里人，我毕业了还不是要回乡下教书吗？哪像你，以后当了军官就不用回来了……"她拿起用细铁丝扭制而成的小叉子，"赶紧吃吧，这样吃呀！"

炒焖子

我细细端详这锃亮的小叉子，扦起来一块焖子送进嘴里。登时，芝麻香味弥漫口腔，大蒜的辛辣味儿调和其间，香辣先入为主，随之轻轻咀嚼，焖子软糯弹牙，别是一番风味。令人回味的是对饹巴的咀嚼，饹巴并不太硬，嚼起来很香，它使得焖子的"品位"上升了一个高度。

　　说说饹巴，其实本义与锅巴相近，有的地方叫嘎（音gá），就是指焖子两面煎好后那层焦黄酥脆的东西。如果炒焖子炒不出饹巴，焖子的味道和品质将大大降低。

　　吃完了女同学请我吃的炒焖子，我并没有马上离开，而是站在小吃摊儿旁边"研究"了一番。

　　摊主看我穿着军装，也就很实诚地跟我聊开了。他告诉我，大连焖子的制作原材料主要是地瓜，将地瓜磨成粉，提取其中的淀粉，与开水混合，加热成胶态。

　　炒焖子用的是直径大大的而又扁扁的平底煎锅，用油多少是影响味道的决定性因素之一。油不能太少，但也绝不可以太多，太少了容易煳锅底，而油放多了会使焖子四面都是腻腻的而且不会上饹巴。熟练的炒手一般都用一个小扁刷均匀地把油涂匀，然后拿起一大块生焖子放入锅中，用铲子把它边铲边压碎成小块，块越小越好。摊主特地告诉我，绝不可以用刀切，否则风味尽失。

　　炒焖子需要足够的耐心，不能心急火燎，慢慢炒就是了。一些小摊儿往往因为食客多而偷偷缩短工时，这就有些糊弄人的意思了，味道也必将大打折扣。

　　炒焖子的火候也是一大关键，火绝不能太大，时间绝不能太短，否则焖子容易炒不透，外面看着好了、熟了，但里面还是实心的。最好是用烧煤的大炉子滋润着炒，等炒到焖子从内到外都变成淡黄色，通体晶亮透明，软软的，糯糯的，上下都已结了一层黄灿灿的

炒焖子

炒焖子

饹巴，一阵阵异香扑鼻而来，就可以出锅了。

吃焖子必不可少的调料有三样：一是兑好盐的蒜汁，二是水调好的芝麻酱，三是鱼露。鱼露，又称鱼酱油，胶东称为鱼汤，福建称为虾油，是一种广东、福建等地常见的调味品，能够延续至今，与其独特的风味密不可分，主要包括鲜味和咸味。鱼露是用小鱼虾为原料，经腌渍、发酵、熬炼后得到的一种味道极为鲜美的汁液，色泽呈琥珀色，味道带有咸味和鲜味。大连人通常也称其为虾油，虾油或多或少有些高大上，街头的炒焖子小摊儿多以酱油替代，味道也基本可以以假乱真。

回到部队，我有意无意开始琢磨这炒焖子的来龙去脉。这时候，我从一个山东战友的口中听到一个传说：

相传一百多年前，盛产地瓜的烟台地区家家都晒粉条。晒粉条的时节，许多人家自己忙不过来，都要雇工。有一对门姓兄弟来到烟台打工晒粉条。有一次，两兄弟刚将粉胚做好，便遇上了连阴天，粉条晒不成，粉胚要酸腐变质。情急之下，门氏兄弟想出一招：用油煎粉胚，加蒜拌着吃。乡亲们吃完后异口同声都说好吃、有风味，门氏兄弟索性就在烟台当地支锅立灶煎粉胚售卖。人们都说这东西好吃，但谁也说不出这美食到底叫啥名字。当地一读过书的"智者"认为此品既然是门氏兄弟所创，又是用油煎焖出来的，干脆就叫"焖子"吧。

网上说，炒焖子是东北小吃，流传在大连、丹东和河南禹州等地。这个说法我认为多有歧义，大连和丹东也代表不了整个东北，况且我在大连之外的东北城市，很难见到炒焖子的影子。我倒觉得大连炒焖子来自烟台，说烟台焖子在大连发扬光大更为靠谱一些。

大连人大多称辽东半岛对面山东半岛的烟台、威海、蓬莱等地为"海南家"，取"大海南面那个老家"之意。大连、胶东一衣带水，一脉相承的胶辽官话且不说，一方水土养一方人，闯关东的后代在饮食上也沿袭祖籍的口味，炒焖子被大连人"拿来"怀乡也未可知。

在大连的大街小巷，特别是学校附近小作坊和夜市的路边摊，炒焖子生意常常是极好的，不知不觉，棚子外就排起了长队。然而摊主不慌不忙，将切好的凝胶似的粉块，一一摊放到油光锃亮的平底锅里，反复翻煎，直到颤颤悠悠的粉块各面都焦黄了，才用小铲轻轻铲到小碗小碟子里，浇上稀稀的麻酱汁、蒜泥、虾油。如此这般，一份鲜香四溢、五味相调的焖子，就送到食客手上了。

记得有一年冬天，诗人林雪站在大连西安路夜市的路边摊，左手端着装满焖子的小碗，右手捏着一个小铁叉，吃了一碗又一碗，全然不顾斯文和形象。想想，她一定是在寻找20世纪70年代末期在辽师大读书的记忆，一碗炒焖子，让她迅速抵达少女时代。

记忆会骗人，但味蕾只能迅速被某种事物勾回。在林雪的脑海里，一定是这样的场景：几张简陋的桌子，几个破旧的板凳，一口黑漆漆的大锅……

这样的场景，或许与我第一次吃焖子并无二致。但炒焖子于我，大多时候意味着一场无疾而终的初恋。

东北美食第一站

——沟帮子熏鸡

◎一瓢饮

　　我一直以为我老家树基沟这个名称够俗气的，也一直以为是树木的基地。后来，有满族学者给出答案，说是满语，翻译过来是树鸡出没之地。树鸡，学名花尾榛鸡，也叫飞龙。其胸脯硕大，肌肉丰满，颈骨弯曲，外形有些像鸽子或斑鸠，肉质洁白细嫩，食之味道极为鲜美。

　　树基沟人没有把鸡做成一道美食，沟帮子人却做到了。我说的沟帮子就是以熏鸡闻名于世的地方，位于辽宁省锦州市北镇市。沟帮子曾是个退海之地，清代末年，有流民迁居于此，久之以"坑沿"称之，后改为"沟帮子"，也就是说居住在沟的帮子上。其实，改不改差不多都是一个意思。

　　大约五十年前吧，我二哥在锦州（那时还叫锦县）农村插队，临近过年的时候，他放假回家，带了一只烧鸡。那年月，苦不苦不说，鸡肯定也是吃过的。再穷，谁家也要养上几只土鸡，逢年过节炖土豆，炖蘑菇，炖粉条。此外，前面说的飞龙也能偶尔品尝一二。但，所谓的烧鸡还真是第一次见到，那种表面金黄、外焦里嫩、香味扑鼻、形态呆萌的东西，无疑使全家人大开眼界进而大开胃口。母亲拿来菜刀想要切割，被二哥拦住。二哥说，这种烧鸡手撕才更好吃。二哥进一步说，这叫沟帮子烧鸡，也叫熏鸡，是当地名吃，

手撕熏鸡

价格不菲，花光了他平时积攒的工钱。

多少年后，当各种烧鸡、熏鸡遍布大江南北的时候，在几乎所有的城乡社区超市，随便花上二三十元就能买到一只的时候，我还会不时地想起那次吃鸡的味道。的确，味蕾是有记忆的。

据说沟帮子熏鸡至今已有一百余年历史。创始人刘世忠，安徽颖州府人，清光绪二十五年（1899）携妻姜氏及其儿子刘振起、刘振生，挑着两副箩筐，由关内来东北谋生。当行至沟帮子时因饥饿所迫无力再往前走，便留在当地卖苦力，被一位叫张纯海的老人收留。后来搭起锅灶重操旧业，做起加工熏鸡的生意来。为招揽顾客，他在原用老汤、花椒、大料、生姜、白糖的基础上，又适量增加了肉桂、白芷、陈皮、砂仁、豆蔻等草药，并继承祖传应用酱油、红糖、葱蒜的配方，选用当年生公鸡进行熏制，提高了熏鸡质量。光绪三十年（1904）扩大了作坊面积，销量逐年扩大，"熏鸡刘"的绰号在铁路沿线一带广为流传，沟帮子熏鸡遂成为名牌。宣统二年（1910），刘世忠与其长子刘振起相继去世，刘家熏鸡铺由刘振生经营，产量和质量又有了进一步的提高，生意十分兴隆。抚顺、本溪、佳木斯、通化等地的许多商人都慕名专程前来购买刘家熏鸡。于是，沟帮子镇先后又开设了其他几家熏鸡铺。到1930年初，发展到有杜、齐、孙、张、田等十几家熏鸡店铺。几经流转，现在，沟帮子熏鸡主要以郝家云杉牌和尹家亚茹牌熏鸡最为闻名，另外也有姚艳华、田子成、张宝文、尹志成等。正可谓地以物美，物以地传，久而久之，年复一年，人们已猜测不出是沟帮子小城因有熏鸡而扬名国内，还是沟帮子熏鸡借沟帮子之地而荣耀一个世纪。

与其他地方特色美食一样，沟帮子熏鸡制作过程十分精细，据说有十六道工序，包括选活鸡、检疫、宰杀、整形、煮沸、熏烤等。在煮沸配料上更是异常讲究，如将全部配料装入布袋内扎好放入锅

沟帮子熏鸡

沟帮子熏鸡

里，把鲜姜、五香粉、胡椒粉、味精、香辣粉放入加净水的锅内调和。再将鸡下锅浸泡一个小时，然后用小火煮至半熟加盐，继续煮到熟透为止，取出趁热熏烤。熏前还要在鸡身上遍抹麻油，才能放入锅内箅子上，待锅底烧至微红时，下入白糖熏两分钟后，翻转鸡身再熏二三分钟才告完成。如此繁复的过程，与其说是在制作一种食物，不如说是匠人在精心打造一件艺术品。

沟帮子所在的北镇市，因其市内的医巫闾山而得名，中国古代不仅有五岳，也有五镇，即东镇沂山、西镇吴山、中镇霍山、南镇会稽山、北镇医巫闾山，自古便是繁华之地，市内有北镇庙、崇兴寺双塔、广宁古城、医巫闾山辽陵等诸多全国重点文物保护单位，此地的传统美食中，除沟帮子熏鸡之外，还有熏猪蹄和水馅包最为知名。

在这篇短文该结束的时候，我忽然想起今年秋天我和同事乘坐绿皮火车从北京回沈阳，正好没吃饭，等到火车车厢内的服务员推着小车卖货的时候，我们毫不迟疑地买了两只沟帮子熏鸡，一只带回沈阳的家中，一只迅速进入我们腹中。

春雨过后的市场首席
——辽河口蒲笋

◎曲子清

　　一场春风勾连一场春雨，再一场春风勾连一场春雨，一汪汪，一片片蒲草遇水疯长，很快长成浓绿茂密的青纱帐，连空气中都弥漫着生命拔节长高的淡淡鲜香味。在淡淡鲜香弥漫城市的时候，鲜蒲笋根茎莹白，脚系红绳，身姿妖娆地站稳市场首席。禁不住腹内馋虫的勾引，兴冲冲地买回两把。母亲边清洗边埋怨，这么贵的东西，你买它做什么，咱不会自己拔吗？辽河口人不说采，采太文艺了；不说捡，捡太随意了。只说拔，仿佛天地之间，草木葳蕤之处，你想吃啥就拔啥，那样随意、洒脱、自在。

　　每一年鲜蒲笋上市，我都要约二三姐妹，割蒲草，拔蒲笋。是的，先割后拔，割是拔的前提，得先把寻常蒲草撂倒在坝梗旁，再寻那种体型纤巧的香蒲，从上而下，一拔而出。这个拔要有点巧劲，拔折了，破坏蒲笋整体性；拔过了，得细细地拨开。折了，可惜；过了，多余。得借巧劲，这个巧劲是长期拔笋锻炼出来的。拔出最嫩的芯，再三两下剥去多余的外皮，只留洁白如玉的部分，放在篮子里。割下的蒲草也不扔，打成捆，背回去，晾晒在庭院，等水分半干，用它编草鞋、草垫、蒲团等，实在用不上的，晒干留作薪柴。

　　拔回去的蒲笋，投洗干净了，用刀切成寸段，将锅烧热加油，放入葱姜炸锅，葱姜适量，过量则抢夺食材本身的清香。加入五花

202

拔蒲笋

蒲笋

肉片爆炒出多余油脂，要把肉片的香味完全激发出来，再把切好的笋段放入锅内翻炒，加入老抽生抽花椒面等继续翻炒，再加少量清水焖煮，待开锅后，撒上味精少许即可食用。鲜蒲笋的清香加上五花肉独特的醇香，让这道菜稳稳登上《舌尖上的中国》。登上《舌尖上的中国》之后，来自五湖四海的食客都想品尝一下这种草的独特滋味。辽河口蒲笋出了名，因为需求旺盛，蒲笋被采拔得几乎"断子绝孙"，蒲笋的身价也是一涨再涨，以至于每每想吃之前，都要东寻西寻，还要掂量掂量手里的几两碎银子。

这道五花肉炖蒲笋是我从吃饱奔向吃好的进程中最喜欢的一道菜。然而，在吃饱阶段，往往是有蒲笋，没有五花肉；在吃好阶段，又只有五花肉，缺少蒲笋了。无论哪个阶段，母亲在吃食上的奇思妙想常给生活带来意想不到的惊喜。她用咸肉、河蚌肉、锅煲鱼来替代五花肉。咸肉是母亲自己腌制的，用粗盐一层层地码上，让为数不多的肉，保质期超过十二个月，甚至更长。炒菜时，用清水泡出肉里的盐分，切成细丝，放入锅内煸炒，用调料激发肉质潜藏的香味，等肉香四溢时，放入蒲笋煸炒。这款咸肉蒲笋虽滋味稍逊，却是我吃饱阶段最心心念念的美食。河蚌是大自然的馈赠，随意寻条沟汊，用笊篱一捞，一笊篱小河蚌就捞上来了。先浸泡，吐出嘴里的河泥，再一个个剔出蚌肉，这个剔肉的过程非常细腻，要有充分的耐心。河蚌肉味鲜，与蒲笋的清香气息相融合。锅煲鱼一般为寸长的小河鱼，洗净，去内脏，放锅里干煲，煲至两面金黄，放在太阳底下，晒个干透，炒蒲笋时放入几个，提鲜增味，效果不输五花肉。在炖倭瓜、炖葫芦时，照此法办理，也是别有一番风味。母亲还自创蒸蒲笋。一般在煮玉米时，在铝饭盒内放入蒲笋、河蚌肉，放置锅内，大火蒸煮七八分钟取出，一掀饭盒，汤鲜味美蒲笋嫩，那滋味真叫绝。没有蒲笋的时候，她用荠菜、婆婆丁、灰灰菜，甚

2014年5月9日2

《舌尖上的中国》

面，来展现食物给中

特有气质的一系列元

《舌尖上的中国》

故事，而贯穿故事的

香独特，让人垂涎欲

长的地貌、蒲笋的口

A Bite of China 2

舌上的中国 第二季

—— 蒲笋

《舌尖上的中国》播出了盘锦美食——蒲笋。

台播出的美食类纪录片，主要内容为中国各地美食生态。通过中华美食的多个侧
的仪式、伦理等方面的文化；见识中国特色食材及与食物相关、构成中国美食
饮食文化的精致和源远流长。

的故事，拍摄于2013年8月，主要讲述了王元财、吴月珍夫妇一天劳作和生活的
特产美食——蒲笋。蒲笋从灾荒时代赖以充饥的自然馈赠，到如今人们餐桌上清
何从辽河右岸划船采摘、剥笋、洗涤、再烹烧的整个过程，不但展现了蒲笋生
工的智慧，还讲述了盘锦人对这道美食的深厚情感。

至干蒲笋替代，荠菜、婆婆丁、灰灰菜等野菜各有各的气味，母亲有本事把这气味弱化，把野菜的清香发挥到极致。最值得一提的是干蒲笋。把鲜蒲笋整棵放到开水里烫一会儿，捞出后，铺在苇席或塑料布上，放在阳光下，暴晒三至五天，待到蒲笋变硬，颜色呈深褐色时，收藏起来。用时取出一大把，放在温水中浸泡半天。这时，原来的干笋已进入水分，变软增粗，用刀切成寸段，加上肥肉上锅炖。出锅时，口感筋道、肥而不腻。干蒲笋不够用时，母亲也用土豆干、榛蘑、葫芦条、干豆角等替代，做出来的菜，口味鲜香，充满生活智慧和阳光味道。

俗话说，民以食为天，草木之人自然以海、河、湖里的物产搭配草木。有一个喜欢动脑筋的朋友把蒲笋的食法归纳总结并发扬光大。一种蒲笋鸭，把腌制好的蒲笋塞入鸭腹，以文火徐徐煨之，待至汤鲜肉烂，蒲笋的清香与肉香完完全全融合在一起；一种蒲笋酱，鲜蒲笋与碎肉、蟹黄搅拌，辅以各种调料，当鲜香遇到蒲笋的日常，恰好诠释了辽河口人的俗中味；一种蒲笋汤，白汤配蒲笋，以食材的纯，蒲笋的淡，让这道汤品有了返璞归真的境界。

这几年，蒲笋采拔过甚，已经非常短缺了，像早先那样陆地采拔已经不多见了，得租船沿大辽河找寻。这种香蒲说来很怪，只在大辽河两岸生长，拔完再长，长完再拔，任岁月流转，从不曾转移产地。相距不远的辽河、大凌河，与大辽河气候、风物相差无几，而香蒲则非常少见。据说遇到灾荒年月，两岸灾民直接采拔来充饥，或者煮熟吞咽，救活了无数人家，当然这是另外一个故事了。

有人说，靠山吃山靠水吃水，靠洼地吃蒲笋。草木之人的智慧是在一次次试吃实践中总结出来的，有时甚至以生命为代价。无论春秋冬夏，总有人挎着篮子在野外找寻，找寻草木之中的嚼裹。这

蒲笋

干锅蒲笋

些人与其说找寻旧的生活模式，不如说找寻一种本能的延续。天生万物，相生相克，环环相扣，每一片山、一洼水、一亩田，都有各自的生存密码，等你在当地人的引领下，摸索一些内在样本，心底油然而生对生命的敬畏。

拌出来的美食智慧

——抚顺麻辣拌

◎李曙光

如果没来过抚顺，你就不会知道什么是真正的麻辣拌。

抚顺，作为清王朝发祥地、新中国成立后第一批直辖市、中国煤都、雷锋的第二故乡、重工业基地……任何一个标签，都足以让每一个抚顺人在提起家乡时昂头挺胸。

虽然现在的抚顺早已不复往日的辉煌，但这座城市却用一道麻辣鲜香、酸甜可口的麻辣拌征服食客味蕾，用拌出来的美食智慧再次回到人们的视线中。

外地人见麻辣拌的第一反应大多是：这不就是没汤的麻辣烫吗？但如果你敢对一个抚顺人这样说，他会立马白你一眼，大声纠正道：你可拉倒吧，麻辣烫咋能跟咱的麻辣拌比？现在你就尝尝，一吃一个不吱声！

20世纪90年代中期国企改革中，大批工人下岗。作为东北老工业基地的抚顺同样经历了阵痛，为了生活，为了吃饭，加上政府鼓励，原本捧着铁饭碗的工人纷纷开启了自主创业之路。

这时候麻辣烫已经进入了抚顺，这成为许多再就业人员的首选，但随着麻辣烫市场的饱和，生意越来越不好做了。

当时南站地下商场附近美食街的一对下岗夫妻突发奇想，将麻辣烫的汤料去掉后，加入调料直接把煮熟的食物搅拌均匀，没有汤

麻辣拌

汁稀释后更加入味的食材，让麻辣酸甜四种味道在口腔中融合，特别符合抚顺人的口味和爽朗的性格。

这种口感浓郁、制作新颖、便宜好吃的小吃一经推出，迅速征服了全抚顺人的味蕾。一时间，麻辣拌的店铺、档口如雨后春笋般出现，源源不断的食客给入不敷出的店主人家带来了信心和希望，一块块醒目的麻辣拌牌匾亦给抚顺的街头经济带来了一片欣欣向荣的景象。

抚顺麻辣拌的制作过程并不复杂，但每一步都充满了匠心独运。

首先是选料，麻辣拌主要由青菜、豆制品、香肠、鱼丸、粉条、红丸子组成。一般一份不加量、不加价的正常麻辣拌里面，大概能有几叶青菜，一个鱼丸，几片香肠，若干片干豆腐和素鸡，两三个红丸子，一绺粉条或者几条宽粉，外加一些土豆片。

抚顺麻辣拌中的青菜多以时令蔬菜为主，包括油菜、茼蒿、小白菜、甘蓝、豆芽、菜花等，只要你想吃爱吃任君选择。

土豆作为麻辣拌中最重要的主料，无论在价格还是存放方面都属于经济实惠型，所以商家在做麻辣拌时，都舍得送人情似的多抓上一大把。抚顺麻辣拌中的土豆分三个流派，各自都有自家的拥护者。切得薄薄的土豆片，加入底料锅中一烫，入口爽脆可口；厚切土豆片，入口绵软沙甜；网状土豆片拥有着前两者的综合口感，所以有着更多的拥趸。

抚顺麻辣拌里至少要放两种豆制品才算是合格。素鸡卷带着烟熏的味道，弹牙筋道，干豆腐卷则更吸汤，豆味更浓。

香肠分为面肠和台湾小细肠两种。面肠是最廉价的一种淀粉香肠，超级巨大的一根，切成滚刀块和其他菜搅拌在一起，好像也变得高级起来了。台湾小细肠又叫儿童肠，切成片，因为带着肠衣，所以更有嚼劲。

麻辣拌

麻辣拌

鱼丸类在麻辣拌里属于凤毛麟角。一般店家在一盘里只奉送一个切成两半的鱼丸，如果能找到两个鱼丸那算是赚了。所以越是稀有，人们就越觉得是好的。除去鱼丸，也有人在麻辣拌里放鱼豆腐和蟹足棒，之所以把这几类归于鱼丸类，是因为它们都是"后期合成"的。

　　抚顺人甚至为爱吃粉的朋友发明了另一种麻辣拌粉——九叶粉。这种宽宽的粉条，样子很像竹叶，吃起来软滑Q弹，因此深受大家喜爱。好的宽粉要泡上好一阵，这样煮出来的粉才透明筋道。除了宽粉，也有细粉，更软更入味。

　　麻辣拌里缺了什么都不能没有红丸子。其实红丸子无非就是面粉加萝卜油炸而成的素丸子，但是浸上麻辣拌汤汁后，吸足了料汁的丸子，塞进嘴里，却有着麻辣酸甜最综合的口感。

　　接下来就是"拌"了，将这些食材洗净、切好，放入浸满香辛料的汤水里煮熟，再将其捞出，放入小盆中。这时，轮到麻辣拌的灵魂——特制调料上场了，这种调料由辣椒、花椒、酱油、醋、糖、盐等十余种调料配制而成，虽然各家调料各有特色，但是基本原材料和做法还是大同小异。每一份经过精心调配的调料，味道均是恰到好处。最后，将调料倒入盆中，与煮好的食材一起拌匀，一份美味的麻辣拌就新鲜"出炉"了。

　　麻辣拌的味道独特，既有辣椒和花椒的麻辣，又有各种食材的鲜美，麻辣与鲜美交融，每一口都让人回味无穷。会吃和经常吃的超级麻辣拌粉还有专属于自己的各种搭配。比如，干吃麻辣拌略显孤单，还可以有炸串、烤串的灵魂搭配。其他不管是肉串、鸡排、鸡架，还是炸肠，都可以与麻辣拌进行混搭。

　　还有一个细节需要分享，刚拌好的麻辣拌上桌后一定要放一勺陈醋，提前拌在一起的味道绝对减弱了陈醋的酸味，只有后放才会凸显那股酸味，同时解辣解腻。荤素搭配完美无缺了，再来上一瓶宏宝莱汽水或者花生露饮料，一顿吃下来，这才是最好的安排。

现在，漫步抚顺街头，除了每个人记忆深处的麻辣拌小店外，更多的是干净整洁的连锁式麻辣拌快餐店。虽然形式变了，但刻在骨子里的麻辣拌味道却不曾改变，因为它们有着一种共同的味道——抚顺的味道。那是一种家乡的味道，是只有家乡食材才能拌出来的味道。对于抚顺这座不大的城市，人们更多的印象是"雷锋精神发祥地"和"雷锋的第二故乡"。在这里，一代代人都受到雷锋精神的影响，他们淳朴好客、乐于助人。他们也像麻辣拌一样，既有麻辣的爽快，又有糖醋的细腻。

这些年，抚顺麻辣拌渐渐成了抚顺新的代言人，有好多省内外的美食爱好者慕名而来。麻辣拌已经不单单是一种小吃了，更是一种生活的态度和情感的交流。让我们一起在美食的世界中寻找那份独特的抚顺味道，感受那份对生活的热爱和对家乡的思念吧！

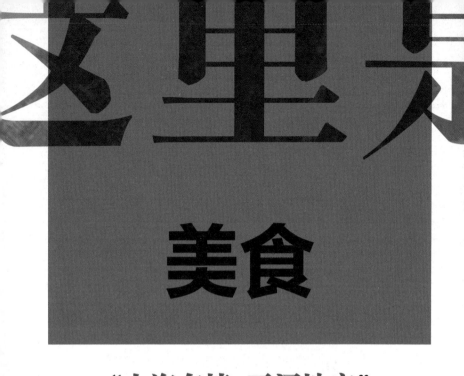

这里是

美食

辽宁

"山海有情 天辽地宁"
文体旅融合出版

『视』觉盛宴

配套视频，
在线博览辽宁魅力

『声』临其境

听有声书，
聆听辽宁古今文化

扫码云游

『图』说辽宁

高清摄影，
带你品鉴辽宁风情

音频、视频等以图书内容为基础，有改动。